大作家的语文课

精编导读版

森 林 报

〔苏〕维塔利·比安基◎著

穆　晖◎译

北方联合出版传媒(集团)股份有限公司
春风文艺出版社
·沈 阳·

图书在版编目（CIP）数据

森林报：精编导读版 /（苏）维塔利·比安基著；
穆晖译. —沈阳：春风文艺出版社，2021.8
（大作家的语文课）
ISBN 978-7-5313-5971-5

Ⅰ.①森… Ⅱ.①维… ②穆… Ⅲ.①森林—儿童读
物 Ⅳ.①S7-49

中国版本图书馆CIP数据核字（2021）第062415号

北方联合出版传媒（集团）股份有限公司
春风文艺出版社出版发行
http://www.chunfengwenyi.com
沈阳市和平区十一纬路25号　邮编：110003
辽宁新华印务有限公司印刷

责任编辑：赵亚丹　徐艺菲	责任校对：陈　杰
封面绘画：李　辰	幅面尺寸：145mm × 210mm
字　　数：139千字	印　　张：5
版　　次：2021年8月第1版	印　　次：2021年8月第1次
书　　号：ISBN 978-7-5313-5971-5	
定　　价：23.00元	

目录

森林报——夏

3

森林报——冬

致 读 者

通常我们所看的报纸，刊登的几乎都是与人类有关的消息和故事，但那些生活在森林里的飞禽走兽和昆虫们的生活，却更能引起孩子们的好奇心。

森林里的新闻并不比城市里少。森林里的动物和植物们每天也在工作，也有愉快的节日和悲惨的事件，也有属于森林的英雄和强盗。可这些事情，我们很难在城市里的报纸上看到相关报道，因此谁也不知道森林里的这类新闻。

比如说，你们有谁听说过，寒风刺骨的冬日，在我们列宁格勒省①，没有翅膀的小虫从土里钻出来，光着小脚丫在雪地里到处乱跑？你何曾在哪份报纸上看到过诸如有"森林大汉"之称的驯鹿们打群架、候鸟大搬家以及秧鸡徒步周游整个欧洲之类令人发笑的旅行消息？

所有这些新闻，你在《森林报》上都可以读到。

为了便于大家阅读，我们把它编成了一部书。内容丰富多彩，有编辑部的特稿、我们森林记者的电报和信件以及森林里打猎的故事。

---

① 即今俄罗斯的圣彼得堡。全书同。——译者注。

鸟类搬家

猎人白天就从城里出发了，为的是天黑前就能赶到森林里。

这个黄昏灰沉沉的，没有风，细细的毛毛雨下着，这种暖和的天气最适合鸟类搬家了。

到了森林里，猎人先在森林边上选好了一个落脚的地方，周围的树木不高——都是些赤杨、白桦和云杉。他靠在一棵小云杉旁站着抽烟，现在还有时间抽，过一会儿就没办法享受这份悠闲了。

他一边抽烟，一边细心地倾听。生活在森林里的鸟类都在尽情歌唱：枞树的尖树顶上，鸫（dōng）鸟在尖声鸣叫、啼啭；丛林里，红胸脯的欧鸲（qú）在唧唧啾啾小声啼。

太阳落山了，鸟儿们的音乐会也接近尾声了，大家都陆续停止了歌唱。到最后，连歌喉最棒的鸫鸟和欧鸲也停止了演唱。

现在是关键时刻，可要留心了，不信？竖起耳朵仔细听！

一种轻轻的声音突然打破了宁静，是从森林上空发出来的：

"嗤尔克，嗤尔克，霍尔——尔——尔！"

猎人不由自主地打了个寒战，把猎枪往肩上一搭，站在那儿一动不动。这是哪儿来的声音？听起来像是鸟叫，这又是哪种鸟呢？

"嘁尔克，嘁尔克，霍尔——尔——尔！"

"嘁尔克，嘁尔克！"

哟，还是两只呢！两只长嘴的钩嘴鹬（yù），正从森林上空飞过；它们急匆匆地扑扇着翅膀，一前一后地飞着，看起来并没有打架。哦，这下看清楚了，前面那只是雌的，后面是雄的。

"砰！"猎人开枪了。

后面那只钩嘴鹬，像风车似的在空中旋转着，慢慢掉落到灌木丛里去了。

猎人飞快地向它跑去，因为如果让鸟儿负伤逃走，它会立即钻进灌木丛里躲起来，若想再找到它就难上加难了。

为了保护自己，钩嘴鹬羽毛的颜色和晦暗的落叶一模一样。仔细一瞧！它挂在灌木丛上了。

那边，又传来了"嘁尔克，嘁尔克""霍尔，霍尔"的叫声，还有另外一只钩嘴鹬，但不知它的位置在哪里。

静下来观察一下，距离太远了，霰弹可打不到它。猎人只好又站在一棵小云杉后面，聚精会神地倾听着。

寂静的森林里，又传来了这样的叫声：

"嘁尔克，嘁尔克！"

"霍尔——尔——尔！霍尔——尔——尔——尔！"

在那边，在那边——可还是有些远……引它过来吧？或许可以想办法引它过来？

猎人灵机一动，他摘下帽子，向空中用力一抛。雄钩嘴鹬的眼睛可尖得很，因为它正在薄幕的昏暗里仔细寻找同伴。这时，它看见一件黑乎乎的东西突然升了起来，很快又落了下去。

会不会是失踪的雌钩嘴鹬？寻伴心切的它拐了个弯儿，急急忙忙地直飞向猎人。

"砰！"猎人的枪又响了。这只钩嘴鹬也一个跟头栽了下来，像块木头似的撞在地上，它中计了。

天色渐渐暗了下来，"嗞尔克，嗞尔克！霍尔，霍尔"的叫声四起，时断时续，时而在这边，时而在那边。可以选择的目标太多了，猎人都不知道该往哪边转身才好，他兴奋得甚至两只手都抖起来了。

"砰！砰！"猎人失手了，这两枪没打中。

"砰！砰！"又是失手，这两枪也没打中。

还是别开枪了，省省子弹吧，休息一会儿，放过几只吧！站了好久也累了，猎人需要定定神。

短暂的休息过后，猎人发现手不再发抖了。休息的效果还不错。

好了，现在可以继续开枪了。

黢黑一片的森林深处，猫头鹰先生要上夜班了，它用喑（yīn）哑的声音阴阳怪气地大喝一声。一只瞌睡蒙眬的鸫鸟被吓得惊慌失措地尖叫起来。

天已经完全黑了，再过一会儿，猎人就很难辨别目标了，也就没法开枪了。可令人着急的是，现在却又听不到钩嘴鹬的叫声了。

好不容易，森林里又响起了熟悉的叫声：

"嗞尔克，嗞尔克！"

另一边也有：

"嗞尔克，嗞尔克！"

就在猎人的头顶上，两只雄钩嘴鹬碰面了。似乎是冤家路窄，它们一见面就打了起来。

"砰！砰！"这回猎人使用的是支双管枪，两只内斗的钩嘴鹬都丢了性命。一只落地的感觉像土块；另一只翻着跟头下落，正好掉在猎人的脚边。

猎人估算了一下时间，现在可以走啦，趁小路还能看得清，应该赶到鸟儿交配的地方去了。

拓展阅读

鸫　鸟

鸫鸟是中小型鸣禽，体型和生活方式有一定差异，多在地面栖息，善于奔跑，但也善于飞行及树栖。嘴短而健，上嘴前端有缺刻或小钩，善于鸣叫。鸫鸟分布遍及世界各地，约有47属316种。中国约18属80种，常见的有红尾鸫和乌鸫等。

鸫鸟比椋鸟稍大一些，吃一些浆果和植物种子，但主要以昆虫为食。在迁徙及越冬季节，常集成大群在林间活动，尤其喜欢在草丛中穿行觅食枯枝落叶层内所隐藏的害虫，人们根据这种生活习性，称之为"穿草鸡"或"窜儿鸡"。

白颈鸫

成群的鸫鸟对消灭田间害虫地老虎、玉米螟幼虫等有突出贡献。有人饲养一只14日龄的雏鸟，发现它全天竟吃掉68条蛆，其重量比它的体重还要重41%。

由于鸫鸟的肉味鲜美，在非繁殖期又有集群的习性，所以常成为狩猎对象。

人类对鸫鸟应该加以保护。

注意！注意！

我们是列宁格勒《森林报》编辑部。

今天，3月21日，是春分。我们和全国各地约定，今天举行一次无线电广播通报。

各地的朋友们请注意！

请你们报告你们那里目前的情况。

喂！喂！
这里是海洋，北冰洋

冰块，以及整片整片的冰原，在水面上向我们这里漂来。一些两肋呈黑色的浅灰色海兽躺在冰面上。这就是格陵兰雌海豹，它们将在寒冷的冰面上生下毛茸茸的、黑鼻头、黑眼睛的雪白小海豹。

小海豹要在冰面上躺很久，要过很多日子才能下水，因为它们的游泳技术还不过关。

又有动物爬到冰面上来了，原来是黑脸黑腰的格陵兰老雄海豹。它们那又短又硬的淡黄色毛正在脱落。它们也要躺在冰面上漂流一段时间，直到换完毛为止。

侦察员们搭乘了飞机在海洋上空各处飞行，他们需要侦察，哪里的冰原上有带领着小海豹的雌海豹；哪里的冰原上躺着换毛的雄海豹。

他们完成侦察任务以后，要飞回去向船长报告，哪里的海豹最多。那些海豹都躺在一起，密密麻麻的，把身下的冰都遮住看不见了。

过了没多久，一艘载了许多猎人的特备轮船就向那里驶去了，拐弯抹角地穿过一块块冰原，到那里去猎捕海豹。

这里是黑海

我们这里没有本地的海豹，因此很少有人有幸见过这种海兽。它长长的乌黑脊背（有3米长）从水里露出来，一下子又不见了。这只地中海的海豹，是经过博斯普鲁斯海峡，偶然游到这里来的。

不过，我们这里却有许多其他种类的动物，比如性情活泼的海豚。在巴统城附近，现在正是猎捕海豚工作最繁忙的时候。

搭乘小汽艇出海的猎人们，注意着四处陆续飞来的海鸥的行踪，仔细观察它们要飞向哪里。它们在哪里集合成群，哪里就准会有一群群的小鱼游来游去，海豚也准会出现在那里。

调皮可爱的海豚非常喜欢游戏，它们一会儿也不闲着，有时在水面上翻腾，就像马在草地上打滚似的；有时还一只跟着一只从水里蹿出来，在半空中翻跟头。

不过，现在可不能凑到近前去开枪，它们一发现你会立即逃走的。要到它们吃东西的地方去，到它们大吃大嚼的地方去。这种时候，可以把小汽艇开到离它们只有10米~15米的地方去，关键是要手疾眼快。

这里是里海

我们里海的北部有冰，所以很多海豹在这里安家。

在我们这儿，已经长大了的海豹小宝宝换过了毛，雪白的毛皮先变成了深灰色的，然后变成棕灰色的。海豹妈妈从圆圆的冰窟窿里钻出来的次数越来越少了，这是它们最后几次来给孩子喂奶吃。

海豹妈妈们也开始换毛了。它们得游到别的冰块上去，到一群群雄海豹躺着的地方一起换新装。身下的冰已经在融化、破裂，它们只好爬到岸上去，躺在沙洲或浅滩上，把还没来得及换好的毛换好。

我们这儿有不少爱旅行的鱼，有里海鲱鱼、鲟鱼、白鲟鱼和许多其他种类的鱼。从海里各处游来的它们，你挤着我、我挨着你，成群结队地游到伏尔加河、乌拉尔河的河口附近。它们待在那里，耐心等待这几条河流的上游解冻。

到那时候，它们就要开始忙碌了。它们互相挤撞着，一群跟着一群地逆流往上游冲去，急急忙忙赶到出生地去产卵。那些地方，都远在北方，在上面所说的几条河流里，在它们的大小支流里。

渔民们沿着整个伏尔加河、卡马河、奥卡河、乌拉尔河及其支流，到处布下了渔网，等待着捕捞这些一心一意要返回故乡的鱼类军团。

这里是波罗的海

我们这儿的渔民整装待发，也准备好了要去捕捞小鳁（wēn）鱼、小鲱鱼和鳕鱼。等到冰面一融化，渔民们就要开始在芬兰湾和里加湾捕鲑鱼、胡瓜鱼和白鱼了。

海港在相继解冻，轮船从这些海湾里驶出去，开始新的长途航行。

世界各国的船只，开始向我们这里驶来。冬天就要过去了，波罗的海上的快乐日子就要来了。

喂！喂！
这里是中亚细亚沙漠

我们这儿的春天也是很愉快的，总是下雨，天气还不大热。小草从各处的地下钻出来，甚至连沙地上都有。天知道这么多的草都是从哪儿来的。

灌木长出叶子来了。结束了一冬酣睡的动物们，从地底下的家里钻出来了。**屎壳郎**、**象鼻虫**之类的也飞来了；灌木丛中满满的都是亮晶晶的**吉丁虫**。蜥蜴、蛇、乌龟、土拨鼠、跳鼠……也都爬出了深深的洞穴。

巨大的黑色兀鹰，成群结队地从山上飞下来捉乌龟吃。它们会用弯弯的长嘴，从龟壳里啄出肉来。

春天的客人们先后飞来了，有小小的沙漠莺，有爱跳舞的鹟（wēng），有各式各样的云雀：鞑靼（dá dá）大云雀、亚细亚小云雀、黑云雀、白翅膀云雀、带冠毛的云雀。空气中充满了曼妙

歌声。

在温暖明朗的春天，沙漠都算不上死气沉沉，那里有无数各种各样的生命。

我们和全国各地的无线电广播通报，到这里就结束了。

拓展阅读

1. 屎壳郎

屎壳郎学名蜣螂。世界上有2万多种，分布在南极洲以外的任何一块大陆。世界上最大的蜣螂有10厘米长。

蜣螂

大多数蜣螂以动物粪便为食，有"自然界清道夫"的称号。蜣螂发现一堆粪便后，便会用腿将部分粪便制成一个球状，将其滚开。它会先把粪球藏起来，然后再吃掉。

蜣螂还以这种方式给它们的幼仔提供食物。一对正在繁殖的蜣螂会把一个粪球藏起来，但是这时雌蜣螂会用土将粪球做成梨状，并将自己的卵产在梨状球的颈部。幼虫孵出后，它们就以粪球为食。等到粪球被吃光，它们已经长大为成年蜣螂，破土而出了。

2. 象鼻虫

象鼻虫是鞘翅目昆虫中最大的一科，也是昆虫王国中种类最多的一种，全世界已知的种类已达6万多种，光中国台湾产的象鼻虫至少有141种。大多数种类都有翅，体长大致在0.1厘米~10厘米，其中"鼻子"占了身体的一半。

象鼻虫

看到这类昆虫令人不由得想起大象的长鼻子，因为它们的口吻很长，所以这类昆虫被人们称为象鼻虫。不过可别把长形的口吻当成象鼻虫的鼻子，何况生于末端的并不是鼻子，而是它们用以嚼食食物的口器。

3. 吉丁虫

吉丁虫是鞘翅目吉丁虫科甲虫，约15 000种，多数分布于热带区。成虫大小、形状因种类而异，小的不足1厘米，大的超过8厘米。体色一般比较漂亮，大多色彩绚丽异常，具有金属光泽，常被用来做装饰品，被人喻为"彩虹的眼睛"。

吉丁虫

吉丁虫的幼虫体长而扁，乳白色，大多蛀食树木，亦有潜食于树叶上的，严重时能使树皮爆裂，故名"爆皮虫"。为林木、果木的重要害虫。

鱼在冬天干什么

冬天，天寒地冻，许多鱼在这时都会选择睡大觉。

早在秋天，鲫鱼和冬穴鱼就钻到河底的淤泥里去了。那些底下都是沙子的坑洼里，住满了过冬的鮈（jū）鱼和小鲤鱼。长满芦苇的河湾和湖湾里的深坑，则是鲤鱼和鳊鱼的过冬胜地。鲟鱼秋天就群聚到大河底的坑坑洼洼里去了（这种大河在冬天不会完全冻上），密密麻麻地挤作一堆一堆的。河越深处，靠近河底的水就越温暖。还有一些鱼，冬天几乎不睡觉。这些鱼在冬天会干些什么来打发时间呢？你们也可以从本期《森林报》上读到相关报道。上面提到的那些冬天睡觉的鱼，现在都已经睡醒了，正在匆忙地开始产卵。

过去有种习俗挺可笑的，每当猎人出发去打猎的时候，他身边的人总是会说："祝你连根鸟毛也打不着！"① 可如今，我们要对出发去钓鱼的人说截然相反的话："祝你钩钩不落空！"

---

① 过去的俄国人很迷信，怕说了吉祥话会招来鬼的嫉妒而因此倒霉，所以故意对出发去打猎的猎人说些不吉利的话。

我们也有不少爱好钓鱼的读者。正因为如此，我们不但祝愿他们钓鱼时得心应手，而且还准备给他们些忠告：什么鱼在什么时间、什么地点更容易上钩。这对他们钓鱼是很有帮助的。

河开冻以后，你可以立刻开始用蚯蚓做饵来钓山鲶鱼，注意，要尽量把食饵垂到河底。池塘里和湖里的冰一融化，就可以开始钓铜色鲹（guì）鱼了。它们通常喜欢藏在岸边去年生长的草丛里。再过些时日，就到了捕捉小鲤鱼的最佳时机了。水变清之后，可以开始用渔网来捞大鱼、用钓竿来钓小鱼了。

作为我国著名的渔业专家，库尼洛夫曾说过："钓鱼的人应该认真研究鱼类在春、夏、秋、冬的各种不同天气条件下的生活习性，这样，当他来到河边或湖边的时候，才能正确选择下竿的好地方。"

你若想开始钓梭鱼、硬鳍鱼、鲤鱼和鳜鱼，那就必须要等到春水退了下去，河岸露了出来，水也变清了的时候。有许多地点可供你选择，比如小河口和天然水道里；浅滩和石滩旁；陡岸和深湾旁，特别是在岸边有没在水里的乔木和灌木的地方；在鱼钩可以抛到水中央的、风平浪静的窄河区；在桥墩下、小船或木排上；在水磨坊的堤岸上……不管是从深水里　还是从岸边树丛下的浅水里，都是你垂钓的好去处。

"从初春到深秋，你都可以使用那些适用于钓各种鱼的、带浮标的钓竿，无论在什么地方钓鱼都可以。"这同样是库尼洛夫的经验之谈。

从5月中旬开始，可以用红虫子从湖水和池塘里钓冬穴鱼；开始钓斜齿鳊、鳜鱼和鲫鱼的时候，要再晚一些才是。岸边的草丛旁、灌木旁和1.5米到3米深的河湾，是最适于钓鱼的地方。不要总是待在同一个地方钓，如果没有鱼再上钩了，那就换到另一丛灌木旁，或芦苇丛、牛蒡丛的空隙之间去。要是你能够坐在小船上钓鱼，那就方便得多了。

平静无浪的小河里，等到水一变清，你坐在岸上，就可以从里面钓各种鱼了。在这种风平浪静的地方，陡峭的岸边、水中有残株树丛的河心里的小坑旁边、岸边生有杂草和芦苇的小河湾上，都是最适于钓鱼的角落。

有时候，由于河岸泥泞，周围又有水，所以你不大容易从这种小河湾和树丛旁边走过去。可是如果想想法子，你就能踩着草墩，或者穿着高筒靴走到这种岸边去，把鱼饵甩到牛蒡后或芦苇丛里，这样就可以钓到不少鳜鱼和斜齿鳊。

请记好，可得耐着性子走，沿着岸边找块好地方。拨开树丛之后，你要把钓竿从树木间伸出去，把鱼饵甩在某些特定的地方——这得靠你自己来辨别了，还没有人钓过鱼的地方是最明智的选择。桥墩旁、小河口和水磨坊的堤岸上，都是钓鱼好手们聚集的地方。在这里，他们经常可以找到并顺利地钓到一些鱼。

假如你想钓到大鲤鱼，就要选用豌豆、蚯蚓和蚱蜢做饵，就要从岸上用带有浮标的普通钓竿来钓；有时候也可以选用不带浮标的钓竿。不带浮标的钓竿，从5月中旬到9月中旬都可以拿

来使用。

使用这种方法来钓各种淡水鳜的话，要选择以下这些地方：大坑、河水曲折处的湍流旁；林间小河中比较宽阔的地方，被风刮倒的树木，会在这种平静无风的地方堆满；岸边长着许多灌木的深水潭；堤坝下和石滩下。还有几种鳜鱼，在石滩和暗礁附近才能钓到。在离岸不远的浅浅的急流中，或者有砾石和石底的天然水路中，可以钓到有几种小鲤鱼和不太大的鱼。

林中大战

林木种族之间并非和平相处，它们间也经常爆发战争。经过精挑细选，几位特约记者被我们派往前线去进行战地采访。

他们首先抵达的国家，是属于白胡子百年老云杉的。每位老云杉战士都堪称巨人，他们身材高大，和2根电线杆接在一起的高度差不多，有的甚至有3根电线杆连在一起那么高哩！

这个国家的气氛显得有几分阴森。阴郁的老云杉战士们个个站得笔直，保持着沉默。它们的树干，从底部到树梢都是光溜溜的；只是树干上，偶尔会翘着一些弯弯曲曲的枯枝。巨树们把自己毛蓬蓬的针叶树枝，在空中手拉手似的互相缠绕，仿佛一座巨大的屋顶，遮住了它们的整个国家。

这屋顶般的帐幕厚厚的，阳光无法把它射透，所以下面又黑又闷，发出一种潮湿、腐朽的气味，连喘气都有些许困难。形形色色的绿色小植物偶然出现在这里，不久也都凋零枯萎了；对这个沉闷国度的生活感到满意的，只有灰藓和地衣：它们喝它们主人身体里的树液，贪婪地密集在战死沙场的巨树战士的尸体上。

我们的特约记者在这里没有遇到哪怕一只野兽，也没有听到哪怕一只小鸟的歌声。他们遇见的，只有一只孤僻的猫头鹰。这只猫头鹰藏到这里，是为了躲避明亮的日光。被我们的通讯员吵醒了的它很是不高兴，浑身的毛都竖了起来，胡子也气得抖动着，角质的钩形嘴巴里发出一阵喷喷的声音，像是在抗议通讯员搅扰了它的美梦。

在云杉种族的国度里，到了不刮风的日子，就是一片沉寂。风刮过去的时候，那些挺立着的坚定巨树，只是摇了摇布满针叶的树梢，发出"嘘嘘"的声音，气势汹汹地，是在警告那些试图捣蛋的家伙。在老森林之中，庞大的云杉家族个子最高，力量最

强大，成员也最多，这样说一点也不夸张。

走出云杉的国度，我们的通讯员又造访了白桦种族和白杨种族的国家。在这里，白皮肤、绿鬈发的白桦树和银皮肤、绿鬈发的白杨树十分好客，和蔼可亲的它们用窸窣声热烈欢迎了记者。

为了助兴，无数的鸟儿在枝叶间歌唱。阳光穿过梢头的叶子倾泻下来，空气也被照得斑斓。空中不时闪过一道日影，阳光形成了金黄色小蛇、圆圈儿、月牙儿和小星星的图案，在光滑的树干上一幕幕地滑过去。矮小的草种族密集在地上。在主人的绿帐篷下，它显然感到无拘无束，就和在家里一样自在。

在记者的脚下，活泼的野鼠、刺猬和兔子窜来窜去。风从上面刮过去的时候，为这快乐的国度带来了一片喧哗。没有风的时候，这里也不是寂静无声。白杨树的叶子颤抖着，发出沙沙的声音，仿佛有说不完的话，日夜不停地在窃窃私语。

一条河成了这个国家的边界，河那边有片荒漠，那是一块面积很大的砍伐迹地。冬天，伐木工人们在这里采伐木材。过了这片荒漠，又是云杉的国界了，巨大的云杉群落组成了一堵黑黝黝的铁壁铜墙。

我们的编辑部知道，等到森林里的雪一融化，这片荒漠立刻就会变成一个拼杀激烈的战场。林中种族的居住状况十分紧张，它们住得拥挤不堪。只要附近有新地盘空了出来，哪怕只有一点点，马上就招来各个种族的争夺，每个种族想把它抢到手的心情都是极为迫切。我们的通讯员过了河，在砍伐迹地上搭了个帐篷住下来，为的是能亲眼见证这场林中大战。

一个阳光灿烂的温暖早晨，一阵噼啪声从远方传来，听上去好像枪在对射。我们的通讯员匆忙赶往那里。

原来是云杉军团发起了进攻：它们伸出长长的树枝作为空

军，从空中去抢占空出来的土地。太阳晒热了云杉枝上的大球果，球果就发出了噼里啪啦的声音。球果一个个裂开了，每一个裂开时都发出砰的一响，好像玩具小手枪里发出的声音。紧包着球果的鳞片一下子张开来了。如同一个秘密的军事掩蔽所，它一张开，许多微型滑翔机立刻从里面飞了出来，这都是云杉的种子。

风托住它们，一路旋转着，一会儿举得高高的，一会儿又放得低低的，捧着它们在空中前进。每棵云杉上有成百上千个球果，每个球果里藏着100来架小滑翔机——种子。无数的种子在空中随风飞着，降落在砍伐迹地上。只有一个扇形翅膀的它们还是有一点重量的，小风并不能把它们送到很远的地方去。它们没有飞到大片的砍伐迹地，只飞了路程的一小半，就掉在地上了。

几天后，一场大风刮来，云杉的小滑翔机中队才总算是把空出的地方全部占领了，可它们的日子也不好过。接下来几个春寒的早晨，差一点把娇嫩的种子冻死。后来多亏一场温暖的春雨帮了大忙，这批小小的移民才被变得松软的大地收留了下来。

云杉种族占领砍伐迹地的时候，河那边的白杨正在开花。它们柔荑花序里的种子毛茸茸的，才刚开始成熟。

　　过了一个月，夏天快要到了。

　　在云杉种族阴森沉闷的国度里，国民们开始欢度佳节了。在它们的树枝上，点起了喜庆的红蜡烛，其实是新长出来的球果。云杉盛装出席，它们用金黄色的柔荑花序缀满了墨绿色针叶树枝。与此同时，云杉开花了：它们在悄悄地储备明年要用的种子。

　　现在，那些埋在砍伐迹地里的云杉种子，被温暖的春水一泡，就会膨胀起来。接着，它们将作为小树苗钻出土地，成为这个世界新的成员。

　　白桦树却还没有开花呢！

　　在我们的森林通讯员看来，这些"新大陆"一定会被云杉完全占领，其他林木种族遗憾地错过了这次良机。他们对自己的观点很有把握，却不知战争的苗头正在萌芽。

　　在下一期《森林报》付印的时候，编辑部希望能收到记者们寄来的详细的最新报道。

到马尔基佐夫湖去打野鸭

集 市 上

这些日子，在列宁格勒的集市上，会有商家出售各种各样的野鸭。这些野鸭有浑身乌黑的，还有和家鸭长得很像的；有的个子很大，也有的个子挺小。有些野鸭的尾巴又长又尖，好像锥子一样；有些野鸭的嘴巴很宽，像铲子似的；而有些的嘴巴就很窄。

假如一位外行的主妇去集市购买野味儿，那可是件糟糕的事。她烤好了买来的这只野鸭，却没有人想要品尝她的厨艺，因为这只野鸭浑身上下都是鱼腥气。原来她买的是一只专吃鱼类的秋沙鸭，这是一种会潜水的矶凫；更有甚者，外行买回来的根本不是野鸭，而是只潜水的鸊鷉（pì tī）。

不过，换作是位有经验的家庭主妇，她一眼就能区分出哪只是上好的美味野鸭，而哪只是会潜水的腥气矶凫。只要看一看野

禽小小的后脚趾，她就了然于胸了。

潜水的矶凫的后脚趾上，长有一大块突起的厚皮；而生活在河面上的那些"珍贵"野鸭呢，它们后脚趾上突起的厚皮很小。

拓展阅读

鸊鷉

鸊鷉别名水葫芦。外形如鸭，而嘴却直而尖。脚的位置特别靠后，前面的脚趾间有一层皮膜形成的瓣蹼。尾特别短。分为体型娇小的小鸊鷉；头顶两侧各一簇耸立羽毛的角鸊鷉；头顶枕部羽毛向后延伸的凤头鸊鷉；以及头顶和颈上部为黑色的黑颈鸊鷉和颈前、胸部为红色的赤颈鸊鷉。

鸊鷉生活在湖泊、江河水库、溪流等各种水域环境中。栖息藏匿在芦苇或水草中。鸊鷉的巢很特别，它不在固定地点，而是随波逐流，漂荡在水上。

凤头鸊鷉

马尔基佐夫湖上

春天，有很多野鸭，会在马尔基佐夫湖活动。

自古以来，在涅瓦河口和喀琅施塔得所在的科特林岛之间，那一部分芬兰湾就被我们叫作马尔基佐夫湖。列宁格勒的猎人们都喜欢在那里打猎。

有空的话，到斯摩棱河上去看看吧。在斯摩棱墓场附近，你会看到一些形状古怪的小船，有白色的，也有和河水的颜色一样的。船底完全是平的，船头船尾都向上翘起，船身虽然不大，可是格外地宽敞。这就是猎人打猎用的划子。

运气好的话，你在黄昏时分或许还能碰到一位猎人。他把划子推到小河里，把猎枪和其他随身携带的东西放上去，然后用一支桨顺着流水划去。值得一提的是，这种桨是舵桨两用的。只需要二十来分钟，猎人就已经划到马尔基佐夫湖了。

涅瓦河上的冰早已开化了，可还有一些大冰块在河湾里。迎着灰色的波浪，划子飞快地向冰块冲去。后来，猎人把划子划到一个大冰块旁边，靠拢上去，接着跨上了冰块。他在皮袄外披了一件白罩衫，从划子里擒出一只雌性野鸭囮（é）子①，把它拴好放在水里，把绳子的另一头拴在冰块上。这时，水中的雌野鸭立刻开始叫唤了。

一切布置妥当，重新坐上划子的猎人又划了开去。

---

① 囮音"俄"。猎人用活野鸭去引诱别的野鸭，这种活野鸭就叫作"囮子"。

叛徒野鸭和白衣隐身人

用不着等很久，从远处的水上飞起来一只野鸭。这是一只雄野鸭，它听到雌野鸭的叫声，搭救同伴心切，就向雌野鸭飞来了。还没有等到它靠近雌野鸭，猎人就开枪了，只听砰的一声枪响，紧接着又是一声，打算英雄救美的雄野鸭就牺牲在水里了。

野鸭囮子完全清楚自己的任务是什么，它卖力地执行着，一个劲儿叫啊叫啊，就像是为了求生而出卖同伴的叛徒走狗。由于它的叫声，许多雄野鸭从四面八方向它飞来了。

它们的眼中只有雌野鸭，丝毫没注意到有一只白色的划子，

就在白花花的冰块旁边。更为致命的是，身披白罩衫的猎人就坐在这划子里。猎人开了一枪又一枪，雄野鸭一只只落下来，都成了他划子里的猎物。

沿着海上长途飞行路线——我们前面提到过的，一群群野鸭纷纷飞了过去。太阳落山了，城市的轮廓模糊了，只能看见那个方向燃起的灯火，星星点点的。

天黑了，视线受到影响的猎人无法瞄准猎物，就不能再开枪了。他把野鸭囤子放回到划子里，把抛到冰块上的船锚拴得牢牢的。紧紧靠拢在冰块上的划子就不会被浪打开去。在湖上过夜的事情也得打算一下了。

起风了，乌云遮满了天空。四下里黑洞洞的，伸手不见五指。

水上的房子

猎人把一个弧形木架装在划子的两舷上，把解开的帐篷张开，支撑在架子上。他把气炉子点燃，舀了一壶水（马尔基佐夫湖里的水是淡水，是从涅瓦河里流来的），放在炉子上烧。

雨点乒乒乓乓地敲打着帐篷。对于下雨，猎人一点也不担心，因为早有准备：帐篷的防水性很好，不会透水的。干燥明亮的帐篷里，气炉子像火炉似的散发着热气。猎人喝着热茶，自己填饱了肚子，也给他的助手雌野鸭喂饱了，接着便悠闲地抽起烟来。

春日里的夜很短，天边又露出一道明亮的白光。它逐渐伸长，变宽。乌云散了，风停了，雨也停了。

猎人从帐篷里探出头来，向外张望。远处，隐隐约约可以看到黑黝黝的海岸。但是，既看不见城市的轮廓，也看不到城市的灯火，这是怎么回事？原来就这一夜的工夫，冰块已经被风远远地吹到大海里去了，划子自然也到大海里来了。糟糕！猎人的心情糟透了，他得划很长一段时间，才能回到城里去。值得庆幸的是，夜里这个漂流的冰块没有撞上其他冰块，否则划子会被挤成碎片的，猎人自己也会被压成肉饼的。

先别管这些了，得抓紧时间干正事儿啦！

打 天 鹅

野鸭囮子又开始工作了，它拼命地在水上大叫起来。这一次它不用再演独角戏了，和它并排的，是一只雪白的大天鹅，它们一起随波浪起伏着。这只天鹅看起来很镇静，一声不吭的它其实是只假天鹅。

一只又一只野鸭飞过来了。猎人开了几枪。

忽然，一种声音从空中传来，好像远方吹起的喇叭声。

"克鲁——克呜，克鲁——鲁呜，鲁呜！……"

嗖，嗖，嗖！一阵扑腾翅膀的声音，一大群野鸭落在野鸭囮子旁。奇怪的是，猎人对它们并不感兴趣。

他动作灵敏地往猎枪里装满了子弹，然后把两只手合拢，举到嘴边吹起引诱野禽的声音：

"克鲁——鲁呜，克鲁——鲁呜，鲁呜，鲁呜，鲁！……"

在云彩下面，很高很高的地方，有三个黑点渐渐变大了。喇叭似的叫声越来越清晰了，越来越大，越来越刺耳。它们被猎人的声音吸引过来了，它们中计了。

这时，猎人不用再跟它们应声搭腔了，因为人模仿不好天鹅在近处的叫声。

现在终于看清了，原来那云下的三个黑点是三只白天鹅，它们挥动着沉重的翅膀，慢慢地降落到冰块附近来了。那美丽的翅膀在太阳下闪着银光。

天鹅越飞越低，盘旋着，兜着平稳的圈子。

它们发现了冰块旁的天鹅，误以为这就是呼唤它们到此的同类，心中猜想：它是飞得筋疲力尽了？还是因为受伤掉了队呢？于是就向它飞了过来，打算帮忙。

又一个盘旋，又一个盘旋……

坐在那儿的猎人一动不动，只是用眼睛盯牢了它们，锁定了目标。这三只抻长了脖子的巨大白鸟，一会儿飞得离他近一些，一会儿又离他远一些。

天鹅之死

又是一个盘旋。现在空中的天鹅已经飞得很低，距离划子相当近了。

砰———一声枪响。最前面一只天鹅的长脖子，像根软鞭子一样，无力地垂了下来。

砰——又是一声枪响。第二只天鹅在空中翻了个跟头，重重地跌落在冰块上。

第三只见势不妙，突地向上一冲，一下子就消失在远方了。

猎人难得像今天这样走运。现在快回家去吧。

但是，这时候要想把小划子顺顺当当地划回城里去，可不是件轻松的事。

浓雾笼罩了整个马尔基佐夫湖，模模糊糊的，10步以外的东西都看不见了。

从市区传来了汽笛声，隐隐约约的，一会儿在这边，一会儿又在那边，叫人搞不清楚究竟应该往哪边划，猎人十分挠头。

水中漂浮的薄冰撞在划子上，发出轻微的叮当声，好像玻璃破碎一样。

"雪糕"般的细碎冰碴儿在船头下沙沙作响。

可是，在这样的条件下，怎么可能飞快地划呢。要是一不小心撞在结实的大冰块上，猎人就危险了。

那样一来，划子会被撞翻，一个跟头直翻到水底去！

第 二 天

在安德烈耶夫集市上，一大群人围在一起，打量着两只雪白的大鸟。它们从猎人的肩膀上倒挂下来，嘴巴差不多要碰到地面了。围观的人们脸上都写满了好奇。

孩子们把猎人围了起来，东问一句，西问一句，问题五花八门：

"叔叔，这是在哪儿打来的？难道我们这儿也有这种鸟吗？"

"它们正在往北方飞，要飞到北方去筑巢。"

"嗯，它们的巢一定大得很吧！"

而主妇们更关心的却是另一件事：

"请问，这种鸟可以吃吗？它身上没有鱼腥气吧？"

猎人不厌其烦地回答着她们的问题，可活天鹅的吹喇叭似的叫声、野鸭快速挥动翅膀发出的嗖嗖声、薄冰撞在划子上发出的轻微的玻璃破碎声……还在他的耳朵里回响着，许久不能忘记。

　　这里我们要说明一下，上面所说的这些，都是过去发生的事情。

　　现在，每年春天，仍会有天鹅从列宁格勒的上空飞过，而它们那吹喇叭似的响亮叫声还会从云霄里传来。可是现在天鹅很少见了，比以前少得多了。猎人们都千方百计地想要打到这种美丽的大鸟，因此有太多太多的天鹅在冷酷无情的猎枪下丢了性命。

　　现在在我们这儿，严禁猎捕天鹅。谁要是打死了天鹅，就要被罚款，而且还不是个小数目呢！

　　至于野鸭，由于数量众多，人们还是可以在马尔基佐夫湖上打它们，但也要适度哟。

林中乐队

　　在这个月里，莺的歌声随时都可以听到。不分白天黑夜，它们总是尖声叫着，啼啭着。孩子们在纳闷：它难道不需要睡觉吗？原来在春天，鸟是没时间睡大觉的，忙碌的它们每次只能睡上短短的一小觉。它唱一阵，打个盹儿，醒来再接着唱；半夜里睡一会儿，中午抽空眯一会儿。

　　清晨和黄昏，不只是鸟，森林里所有的动物都没闲着，都在唱歌奏乐；各唱各的曲子，各用各的乐器；各有各的唱法，各有各的奏法。你方唱罢我登场，都要展现一下自己的艺术细胞，热闹极了。

　　在森林里你可以听到独唱，还有提琴、鼓和笛子为它伴奏。演唱者是燕雀、莺和歌声婉转的鸫鸟，它们的歌喉清脆而又纯净。甲虫和蚱蜢吱吱嘎嘎地拉着提琴，啄木鸟敲着鼓，黄鸟和小巧玲珑的白眉鸫则尖声尖气地吹着笛子，仿佛是在伴奏。

　　也可以听到喊吠声、噪声、咳嗽声和呻吟声。狐狸和白山鹑叫着，狼嗥叫着，牝鹿咳嗽着，猫头鹰哼哼着。还可以听到吱吱声、嗡嗡声、呱呱声、咕嘟声。丸花蜂和蜜蜂嗡嗡地响着。青蛙

咕噜咕噜地吵一阵，又呱呱地叫一阵。嗓子不够好的动物，也不会觉得难为情。它们个个都会按照自身条件来选择乐器。

啄木鸟飞来飞去，找寻能发出响亮声音的枯树枝，那是属于它们的专用鼓。它们那结实的嘴，就是最棒的鼓槌。脖子嘎吱嘎吱的响声，像极了拉小提琴的声音。

蚱蜢也加入了乐队，用有小钩子的小爪子来抓自己有锯齿的翅膀。火红色的**麻鳽**（jiān）把长嘴伸到水里，使劲一吹，把水吹得"布噜布噜"直响，好像牛的叫声，整个湖里顿时一阵喧嚣。

异想天开的沙锥竟用尾巴唱起歌来了：它一个腾身飞入云霄，然后张开尾巴，头朝下直冲下来。兜着风的尾巴发出一种咩咩的声音，简直就像是羊羔在森林上空叫！

森林里的乐队就是这样演奏的。

拓展阅读

麻 鳽

麻鳽是鹳形目鹭科麻鳽亚科中的孤独性沼泽鸟类，大多数麻鳽具保护色（斑驳的褐色和皮黄色条纹），嘴尖朝上，站立时模仿周围的芦苇和草，可避免被发觉。以尖利的喙捕捉鱼、蛙、蝲蛄和湿地及沼泽地的小动物为食。几乎分布全球。

麻鳽

客 人

在乔木和灌木底下，离地不很高之处，早已闪出了晶莹的花朵，它们是**顶冰花**。这些花出现的时候，树木还是光秃秃的，树叶还没有遮住春天的阳光。在这可以一直照到地面的阳光下，顶冰花开花了，在它旁边的好友——紫堇也开花了。

看一眼紫堇的第一批花朵，你会感到十分幸福。它浑身上下都很漂亮：长长的茎尖上，开着一束束奇妙的淡紫色小花；还有那边缘很像锯齿的青灰色小叶子。

现在，这对好朋友——顶冰花和紫堇的黄金时代已经过去了。因为树荫浓了，这会妨碍它们的生存；但它们早已经做好了"回家"的准备。它们的家在地下世界里，它们只是到地面上来做客的。它们的种子行踪隐秘，一播下就无影无踪了。可是它们那小小的球茎和圆圆的小块茎，却沉睡在深深的地下，度过夏天、秋天和冬天。

如果你想把它们移植到家里，那就要在花朵尚未凋谢之时，马上掘出它们来。挖掘的时候可要当心。有时，这种小植物的白色地下茎长得相当出奇。在土冻得很厚的地方，我们这些小客人的球根和块茎，都躺在很深很深的地下。在有东西覆盖着的暖和地方，它们距离地面就比较近。移植它们的时候，你一定要记住这些。

■ 森林记者 尼·巴甫洛娃 报道

顶冰花

顶冰花是多年生草本植物，有毒，以鳞茎毒性最大。与山韭菜极为相似，若误食数株即可中毒，4克以上可致死，死亡率甚高。食后1小时左右会出现头痛、呕吐、无力、烦躁不安等症状。个别人中毒后有意识障碍、智力下降、瘫痪等后遗症。

顶冰花

田野里的声音

我和一个同伴到田里去除草。我们悄无声息地走着，只听一只鹌鹑从草里向我们喊道："去除草！去除草！去除草！"我回应道："我们就是去除草啊！"可它好像没听见，还是一个劲儿说："去除草！去除草！"

我们走过一个池塘。池塘里，两只青蛙把头探出水面，鼓动着耳后的鼓膜，不住地叫。一只青蛙叫的是："傻瓜！傻瓜，瓜！"另一只青蛙不甘示弱："你傻瓜！你傻瓜！"

我们来到了田边。几只飞来欢迎我们的圆翅膀田凫，在我们头顶上扑着翅膀问："是谁？是谁？"

"我们是从古拉斯诺雅尔斯克村来的。"这是我们的回答。

■ 森林记者 库罗奇金 报道

鱼的声音

有人用无线电收音机，把录有水底声音的录音带广播了一下。于是从扩音器里听到了一些以前没听过的声音：喑哑的啾啾声、嘎吱嘎吱的尖叫、不知是谁的呻吟和哼唧、某种独特的咯咯声，又突然夹杂一阵震耳的唧唧声，都盖过了屋子里的人声。原来这是黑海里各种鱼类的声音。每一种鱼都有自己的声音，这样便于把它和水底世界中的其他居民区别开。

现在，科学家发明了敏感的水底"耳朵"——水底音响收听装置，我们才发现水底世界根本不是想象中那样的沉默，原来鱼类压根儿就不是哑巴。这有很大的实际意义：依靠水底测音机的帮助可以探知，哪些地方群聚着贵重的鱼类，它们在向哪些地方转移。这样，渔夫们就不会去"撞大运"而盲目出海了。可以先搞清楚它们踪迹的情况，再出发去捕捞。将来，人也很可能学会模仿鱼的声音，以此来引诱鱼群。

天然屋顶

花粉是花朵里最娇弱的东西，一被打湿，它就坏掉了。雨水和露水都能伤害到它。那么花粉是怎样保护自己，不被雨露沾湿的呢？

铃兰、覆盆子、越橘的小花都倒挂着，像小铃铛似的，所以它们的花粉是藏在"屋顶"底下的。

朝天开花的金梅草，它的每一片花瓣都向里弯着，像勺子似的，一层花瓣的边儿压着另一层的边儿。如此一来，一个四面无缝的蓬松小球就形成了。打在花上的雨点，没有一滴能落到里面的花粉上。

含苞未放的凤仙花，它的每一个花蕾都躲在叶子下面。花梗架在叶柄上，为的是使花总是不偏不倚地开在叶子底下，就像躲在屋顶下一样。太妙了！

野蔷薇花的雄蕊很多，下雨了，它就闭拢起花瓣。刮风下雨的时候，莲花也把花瓣闭拢起来。

毛茛（gèn）的花是向下垂着的。

夜 森 林

有一位森林记者在来信中说："夜里，我到森林里去听夜森林的声音。我听见了各种各样的声音。至于那都是些什么动物的声音，却听不出来。那我怎样为《森林报》写稿来描写这个夜森林呢？"

我们很快给了他答复："请把你听见的声音都描写出来，我们会想办法弄清楚的。"

后来，他写了这样一封信寄给我们编辑部：

"说实话，夜里我在森林中听到的声音，都是些乱七八糟的，和你们报上所描写的什么乐队一点也不像。

"鸟鸣逐渐静了下来，终于是一片寂静的半夜了。

"后来，一种低沉的琴弦声，从高处的什么地方开始传来。起初很小的声音越来越响，终于成了一种洪大的低音；随后，声音又越来越小，直到完全没声了。

"我心想：'这个前奏曲还不算坏。虽然拉的是一根单弦，可

总算是开场了。'

"忽然，从林子里发出一阵狂笑：'哈——哈——哈！呵——呵——呵！'这声音可怕得很，我感觉脊背上好像有群蚂蚁爬了过去一样。

"我心想：'这肯定不是对音乐家的夸奖，是在取笑他吧！'

"又静下来了。静了好久。我心想：'再也不会有什么声音了吧！'

"后来，又有声音传来了，听上去像是谁在给留声机上发条。一个劲儿上啊，上啊，可总是没有音乐奏出来。我心想：'它们的留声机是不是坏了？'

"上发条的声音没了。寂静无声。可后来又上起来了：'特尔尔，特尔尔，特尔尔，特尔尔……没完没了，太讨厌了。'

"发条好容易上好了。我心想：'现在该上唱片了。马上要放音乐了。'

"忽然间，不知是谁又拍起巴掌来了。拍得那么热烈，那么响亮。

"我心想：'这是怎么回事儿？还没听到演奏，观众就鼓掌了？'

"这些声音就是我听到的。后来，又给留声机上了半天发条，可还是没有音乐放出来，却仍又有人鼓掌。我一生气就回家了。"

其实我们的记者不应该生气。他起初听见的、像低音琴弦似的嗡嗡声，是一种甲虫，大概**金龟子**在他头顶飞过的声音。那令人毛骨悚然的哈哈笑声，是大猫头鹰——灰林鸮（xiāo）的叫声。它的声音就是有些招人烦，但你拿它也没办法。

"特尔尔，特尔尔，特尔尔，特尔尔——"给留声机上发条的是蚊母鸟。蚊母鸟也是夜里飞出来的鸟，只不过不是猛禽。它当然不会有什么留声机，声音是从它喉咙里发出来的。那是它们才能听懂的歌。

鼓掌的观众也是蚊母鸟。它当然不是在拍手，是用翅膀在空中呱呱呱地拍，那动静和拍巴掌非常像。

它为什么要这样做呢？我们编辑部没办法解释，因为目前这还是个谜。

兴许是因为心里高兴，拍着玩的吧。

📚 **拓展阅读**

金龟子

金龟子是金龟子科昆虫的总称，全世界超过26 000种，除了南极洲以外的大陆均有发现。不同种类生活于不同的环境，如沙漠、农地、森林和草地等。常见的有铜绿金龟子、朝鲜黑金龟子、茶色金龟子、暗黑金龟子等。

金龟子是害虫，成虫咬食叶片成网状孔洞和缺刻，严重时仅剩主脉，群集为害时更为严重。常在傍晚至22时左右咬食最盛。

独角仙是比较大的金龟子。

独角仙

游戏和舞蹈

在沼泽地上，灰鹤的舞会开始了。

它们围成一圈，有一只或两只走到当中来开始跳舞。起初也没什么，只不过是在用两条长腿蹦高。后来越跳越起劲，索性大跳特跳起来了。那些奇形怪状的花步子，准能把你的肚皮笑破。

转圈儿啊，蹿跳啊，打矮步啊……真像踩着高跷跳俄罗斯舞！站在周围的灰鹤，挥着翅膀不快不慢地打拍子，一下一下的。

猛禽呢，在空中游戏或跳舞。游隼的表现特别出色，它们一直飞到白云下，在那里显示它们的灵活。有时，把翅膀突然一收拢，从那让人看了头晕的高高半空里，像粒石子似的飞落下来，眼看快撞到地面了，这才张开翅膀打个大盘旋，又向上飞去了。有时却停在很高很高的空中一动不动，张开翅膀僵在那里，好像被根线拴住了，挂在白云下似的。有时，忽然在空中翻起跟头来，活像从天而降的小丑，翻着跟头向地面降落，做着"翻滚飞行"，拍着翅膀回旋着。

狐狸计撵老獾

狐狸家出事儿啦！顶棚塌了，小狐狸差点被压死。

狐狸一看大事不妙，得找房搬家了。

狐狸到獾家里去了。獾的洞穴很出色，这是它自己挖的。出口入口四通八达，分岔的地道纵横交错，都是为了防备敌人突然袭击时逃生用的。

这个很大的洞足以供两大家子居住。

狐狸央求獾分间屋子来住，却被一口回绝了。獾是位爱干净整齐的主人，一丝不苟，甚至有点洁癖。它怎么能容许这带孩子的一家住在同一屋檐下呢！

獾把狐狸撵了出去。

"好啊！"狐狸心中暗想，"咱们走着瞧！"

狐狸假装去树林里了，其实躲在灌木丛后等着。

獾从洞里探出头来张望，见狐狸没影了，这才爬出来到树林里找蜗牛吃。

狐狸一溜烟儿地蹿进了獾洞，在里面拉了一摊屎，弄得脏兮兮的，然后溜之大吉。

吃饱了的獾回到家一瞧：天，怎么这么臭啊！爱干净的它被眼前的景象气得火冒三丈，哼唧了一声，搬到其他地方重新挖洞去了。

狐狸正求之不得。它衔来了小狐狸，在这个舒服的獾洞里住下了。

📚 拓展阅读

獾

獾是食肉目鼬科兽类的通称，约6属共9种。嗅觉灵敏，善掘土，穴居。昼伏夜出。大多数种类独居生活。

獾广泛分布于北半球的欧亚大陆和北美洲。我国各地均有分布。中国有3种类型：狗

獾

獾、猪獾和鼬獾。

山地、森林、草原、丘陵、盆地、溪流湖泊等均有獾的足迹，它们的适应能力很强，食性很杂，喜食植物的根茎、玉米、花生、菜类、瓜类、豆类、昆虫、蚯蚓、青蛙、鼠类和其他小哺乳类、小爬行类等。

四海为家的植物

浮萍

池塘里几乎长满了浮萍。有人叫它苔草。其实苔草和浮萍毫不相干。浮萍是一种与众不同的植物，它很有趣。细小的根，小绿圆片浮在水面上，一个长圆的东西从上面凸起。这些凸起的形状像小烧饼的东西，就是它茎的枝。

浮萍没有叶子，有时也会开几朵花，不过极为难得。它不用开花，因为繁殖起来快而简便。只要从这茎上脱落下来一个小烧饼似的枝，这一株植物就变成两株了。

浮萍的生活自由自在，四海为家，没有什么能拴住它。野鸭游过时，它就可以挂在野鸭的脚蹼上，被带着飞到另一个池塘里去。

■ 尼·巴甫洛娃 报道

花的魔术

在草场和空地上，矢车菊开出了绛红色的花。看到这些花，我马上就联想到了伏牛花。因为它们都会变一套小小的魔术。

矢车菊的构造很复杂，它的花是由许多小花组成的花序。上面那些蓬蓬松松的漂亮小花像犄角似的，都是些不结籽的无实花。真正的花是当中许多深绛红色的细管子，那里面有一根雌蕊和好几根会变魔术的雄蕊。

只要碰一下那绛红色的细管子，它就歪向旁边，从小孔里冒出来一小阵花粉。过会儿你再碰一下，它就又一歪，又冒出来一阵花粉。这套魔术还不赖吧！

这些花粉可不能白白糟蹋。每当有昆虫讨要花粉，它就给上一点。拿去吃可以，沾在身上也可以，只要多少能带些到另一朵矢车菊上去就好了。

■ 尼·巴甫洛娃 报道

神秘的夜行大盗

森林里有位夜行大盗，它神出鬼没，把林中居民闹得个个提心吊胆。

每天夜里，总会有几只小兔子失踪。小鹿、琴鸡、松鸡、榛鸡、兔子、松鼠啊，一到夜里就会坐立不安，总觉得要大难临头了。无论是灌木丛中的鸟，树上的松鼠，或是地上的老鼠，都不清楚大盗会从何处闯来。

神出鬼没的凶徒，总是出其不意地出现：有时是从草丛里，有时是从灌木丛里，还有时是从树上。似乎凶徒不止一个，而是一群。

小獐鹿一家住在森林里。獐鹿爸爸、獐鹿妈妈和两只小獐鹿。

几天前的一个夜晚，它们全家正在林中空地上吃草。獐鹿爸爸在距离灌木丛8步远的地方放哨；獐鹿妈妈带了小獐鹿在吃草。突然，从灌木丛里蹿出来一个乌黑的东西，一蹦就跳上了獐鹿爸爸的背。獐鹿爸爸倒了下去；獐鹿妈妈带着小獐鹿夺路而逃。

第二天早晨，獐鹿妈妈回到空地上时，獐鹿爸爸只剩下两只犄角和四个蹄子了。

昨夜遭到袭击的是驯鹿。穿过草木丛生的密林时，它看见一棵树的枝上好像有个大木瘤，奇形怪状的。

在森林里，驯鹿算是条壮汉，有那么一对大犄角防身，它无所畏惧，连熊都不敢惹它。

驯鹿走到那棵树下，正要仰起头来仔细瞧瞧这木瘤的样子。突然，一个足有300千克重的可怕东西，一下子压在它的脖子上。

这突如其来的变故，不由得令驯鹿大吃一惊。它猛晃一下脑

袋，从背上把凶徒甩了下去，头也不回地撒腿就跑。所以它也就没看清这凶徒的真面目。

狼不在我们这一带的树林里活动，有的话它也不会上树。而熊正躲在树木茂密的地方犯懒呢！再说，它也不会从树上蹦到驯鹿的脖子上。

这个神出鬼没的究竟是谁呢？

目前，这还是个谜。

消失的蛋

我们的记者找到一个欧夜莺的巢，里面有两个蛋。当人走过去时，欧夜莺妈妈从蛋上飞了起来。

记者并没有动这个巢，只是清楚地记下了它所在的地点。

过了一个钟头，他们又回去看这个巢，可巢里的蛋已经不见了。

蛋去哪儿了？

记者百思不得其解。过了两天才弄清楚：原来是欧夜莺妈妈把蛋衔走了，它担心有人会来毁巢，掏走里面的蛋。

勇敢的小鱼

雄棘鱼在水下的家的样子，前面我们已经描述过。

家刚造好，雄棘鱼就选了个妻子带回家。棘鱼太太从这边的门进去，产下鱼子，立刻从另一边的门游出去了。

雄棘鱼又找来了第二位太太，接下来是第三位、第四位，可这些太太都跑了，只丢下产的鱼子让它照管。雄棘鱼留下来独自看家，家里堆满了鱼子。

河里爱吃新鲜鱼子的家伙可不少。可怜的小个子雄棘鱼鼓足勇气，保护家园免遭那些残暴恶徒的侵犯。

不久之前，贪吃的鲈鱼闯了进来，小个子主人勇敢地冲上去与它搏斗。

棘鱼的身上有5根刺——脊背上3根，肚子上2根。这会儿，它把5根刺都竖了起来，对准鲈鱼的鳃巧妙戳去。原来鲈鱼满身的鱼鳞如同披着甲，只有鳃部没有遮盖。

鲈鱼被小棘鱼的勇气所折服，落荒而逃了。

凶手是谁

今天夜里，树林里又发生了谋杀案，松鼠不幸成了被害者。

我们在出事地点调查了一下，根据留在树干上和树下的凶手

的脚印，我们终于弄清了这位神出鬼没的凶手的真面目。不久之前残杀獐鹿的是它，闹得大家惶惶不安的也是它。

通过脚爪印，显而易见，凶手是北方森林里的"豹子"，也就是残忍的"林中大猫"——猞猁。

小猞猁已经长大了。现在，猞猁妈妈带着它们在树上爬来爬去，满林子乱窜。

夜里，它能和在白天一样看得清楚。谁要是没在睡前躲好，可就要倒霉了！

六脚鼹鼠

我们的一位森林记者，从加里宁省传回这样一篇报道：

"我竖立起了一根杆子练习爬树，在掘土时掘出了一只不知其名的小野兽。它的前掌有脚爪；背上有两片像翅膀一样的薄膜；身上棕黄色的细毛又短又密，很像兽毛。身长5厘米，有些像黄蜂，又有点像田鼠。可却有六只脚，以此来判断，它应该是一种昆虫。"

编辑部的解答

它的名字叫**蝼蛄**，是种与众不同的昆虫。它确实和小野兽有些像，因此得了个绰号"赛鼹鼠"。它跟鼹鼠最相像，前爪很宽，都是掘土高手。但蝼蛄的前脚长得很像剪刀。它在地底下来来往往，就靠这双前脚来剪断植物的根。鼹鼠个子大，力气也大，用强有力的爪子一下就可以抓断这种根，用锐利的牙齿也可以咬断。

蝼蛄的两腭上，长着一副像牙齿一样的锯齿状薄片。

蝼蛄的生活大半是在地下度过的。和鼹鼠一样，它在地下挖掘通道并在里面产卵，然后在上面堆个小土堆，如同鼹鼠窝一样。此外，蝼蛄还有两扇软软的大翅膀。它的飞行技术不错，在这一点上鼹鼠望尘莫及。

蝼蛄在加里宁省并不多见，在列宁格勒省更少，但在南方各省就有很多。

假如你想找这种独特的昆虫，就在潮湿的土里找吧！最好是在水边、果木园和菜园里。教你一个好办法：选定一个地方，每晚在那里浇水，用木屑盖起来。半夜里，蝼蛄就会钻到木屑下的稀泥里来。

拓展阅读

蝼　蛄

蝼蛄俗名蝲蝲蛄、土狗。直翅目蝼蛄科约65种昆虫的通称，生活在地下，湿土中可钻15厘米~20厘米深。前足适于铲土，体圆柱形，头尖，体被绒状细毛。有翅，夜间可出洞。产卵管不突出。产卵于土穴内，穴内存放植物作为孵出幼虫的食物。

一般于夜间活动，但气温适宜时，白天也可活动。土壤干旱时活动少，为害轻。成虫有趋光性。

蝼蛄

刺猬救人

一大清早，马莎就醒来了，她急急忙忙穿上衣服，光着脚就跑到树林里去了。

树林里的小山冈上有许多草莓果。马莎眼明手快地采了一小篮，转身跑回家，一路上，在被露水沾湿了的冰凉草墩上，跳跳蹦蹦。跳着，跳着，冷不防脚下一滑，疼得她大叫起来，原来一只脚滑下了草墩，被尖东西戳得流血了。

有一只**刺猬**恰巧蹲在草墩上，它把身子缩作一团，呜呜地叫了起来。马莎坐到旁边的草墩上，边哭边用衣服擦着脚上的血。刺猬不叫了。

突然间，一条背上有锯齿形黑色条纹的大灰蛇，朝马莎爬了过来。这是一条有毒的蝰蛇！马莎吓得腿都软了，一动也动不了，蝰蛇越爬越近，咝咝地吐着叉子似的舌头。

正在这时，刺猬忽然挺直身子，飞奔着跑向蝰蛇。蝰蛇抬起整个上半身，像鞭子似的抽了过来。可刺猬更加敏捷，它连忙竖起身上的尖刺相迎。蝰蛇咝咝地狂叫起来，想转身逃去。刺猬却顺势扑上，从背后咬住蛇头，用爪子扑打着它的脊背。

这时候，马莎才清醒过来，慌忙跑回家去了。

拓展阅读

刺 猬

刺猬又名刺球，食虫目猬科刺猬亚科的通称。体背和体侧满

刺猬

布棘刺，头、尾和腹面被毛。分布于亚洲、欧洲、非洲的森林、草原和荒漠地带。普通刺猬栖山地森林、草原、农田、灌丛等，昼伏夜出，取食各种小动物，兼食植物，有时为害瓜果。冬眠。

刺猬性格温驯，不会随意咬人，动作举止憨厚可爱。除肚子外全身长有硬刺，当它遇到危险时会蜷成一团变成有刺的球。它有非常长的鼻子，触觉与嗅觉很发达。最喜爱的食物是蚂蚁与白蚁，当嗅到地下的食物时，它会用爪挖出洞口，然后将它长而黏的舌头伸进洞内一转，即获得丰盛的一餐。

刺猬会游泳，怕热。在秋末开始冬眠，直到第二年春季，气温温暖到一定程度才醒来。喜欢打呼噜，呼噜声和人相似。

蜥蜴

在树林里的一个树桩旁，我捉到一只蜥蜴带回了家。我在一只大玻璃罐里铺了沙土石子，把它养在里面。我每天换水、换草，向玻璃罐里放一些苍蝇、甲虫、虫子的幼虫、蛆虫、蜗牛等。蜥蜴大口地吞食着，它特别爱吃在甘蓝丛里生长的那种白蛾子。它把小脑袋很快地一转，朝着白蛾子张开嘴，吐出叉子似的小舌头，跳起来扑向那美味的食物，活像狗见到肉骨头似的。

一天早晨，我在小石子间的沙土里，发现了十来个长圆形的

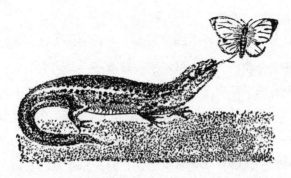

小白蛋，蛋壳又软又薄。蜥蜴挑了个能晒到阳光的地方孵蛋。过了一个多月，蛋壳破了，十来只动作灵敏的小蜥蜴钻了出来，长得和蜥蜴妈妈一模一样。

如今，这一家老少都爬到小石头上，懒洋洋地享受阳光呢！

■ 森林记者 谢斯嘉科夫 报道

摘自少年自然科学家的日记：

燕 子 窝

6月25日，一天又一天，我眼瞅着一对燕子辛苦地衔泥搭窝。那个窝一点点地大了起来。它们每天一大清早就开始干活儿。中午只休息两三个钟头，然后又修又补，又堆又粘，一直忙到日落。总是不停地把泥粘上去，可粘不住，得让稀泥风干才行。

其他燕子有时也飞来做客。如果猫没有出现在房上，小客人们就待在梁木上，喊喊喳喳，和和气气地聊天。新居的主人可不会下逐客令。

如今，燕子窝已经和下弦月很像了，就像月亮由圆变缺，两个尖角朝右时的样子。

燕子为什么要做这个样子的窝，左右两边为什么不均匀地增长，我都完全明白。因为雄燕子和雌燕子一起出力搭窝，干劲儿可不同。雌燕子衔泥飞回来时，头总是歪向左边；它干起活儿来很细心，一个劲儿往左边粘泥，而且飞去衔泥的次数也要多得多。雄燕子常常一飞走，要过好几个钟头才回来，肯定是在云里追着其他燕子玩呢！落到窝上时，它的头总是歪向右边，干的活儿自然就落后了，所以那右半边窝也就比左半边短上一块。因此，燕子窝两边的工程进度才会如此不均匀。

懒惰的雄燕子，一点也不害臊！通常说来，它可要身强力壮得多呢！

6月28日，燕子已经不衔泥了，它们衔来干草和绒毛在窝里铺垫子。真令人难以想象，它们竟把整个建筑工程估算得如此周到——原本就该让窝的一边比另一边盖得快些！雌燕子把窝的左边堆到了顶，雄燕子的右半边窝却始终没有堆完。这样一来，一个缺了一角的圆泥球就堆成了，一个洞口留在了右上角。不用多说，它们的窝本应如此，这洞口就是大门。要不然，燕子夫妻可怎么进家啊？咳，闹了半天，我当初责怪雄燕子懒惰，其实是错怪它了。

今天，雌燕子头一次留在家里过夜。

6月30日，窝搭好了。雌燕子老是待在窝里不出门，大概它的第一个蛋已经产下来了。雄燕子不时衔来一些小虫，叽叽喳喳的，还不住地唱着喜歌，欢天喜地地叽咕着贺词。

第一批燕子客人又飞来道喜了。它们一只一只地从窝旁飞过，在窝前扑着翅膀，向里面张望着。此时，幸福的女主人正把小脸儿探在门外，它们说不定正在亲吻这位女主人以示祝贺呢！叽叽喳喳的客人们热闹了一阵子，就都散去了。

猫时常爬上屋顶，从梁木上向屋檐下张望。是不是也在焦急地等待着小燕子出世呢?

7月13日，两个星期以来，雌燕子一直伏在窝里，很少出来活动。只在一天之中最暖和的中午，才飞出来一会儿，因为那时娇嫩的蛋不容易受凉。它在屋顶上面盘旋几次，捉几只苍蝇解解馋，然后飞到池塘边，低低掠过水面时用嘴抄水喝，喝够了就又回到窝里去。

可今天，燕子夫妻俩开始忙活起来，它们一同在窝里飞进飞出。有一次，我看见一块白色的壳衔在雄燕子嘴里，雌燕子嘴里衔着一只小虫。毫无疑问，小燕子出世了。

7月20日，不好啦！不好啦！猫爬上了屋顶，从梁木上几乎倒挂下来整个身子，用爪子想向窝里掏。窝里的小燕子啾啾地叫得很是可怜。

这节骨眼儿上，一大群燕子不知从何处飞来，大声叫着，疾疾飞着，几乎就要撞到猫脸上了。嗬！一只燕子险些落入猫爪！可了不得啦！猫又扑向了另一只燕子……

太棒了！这强盗扑了个空，脚一打滑，扑通一声，从梁木上摔了下去……

虽然没摔死，也真够它难受一阵子的。它喵呜叫了声苦，一拐一拐地走了。

这才叫罪有应得呢！经过这件事，它再也不敢招惹燕子了。

■ 森林记者 维利卡 报道

恐怖的黑夜

夏天晚上，从树林里会传来一阵阵奇怪的声音，忽然几声"祸，祸，祸！"忽然几声"哈哈哈！"太吓人了，背上的汗毛都竖起来了。

有时，在黑暗之中，不知是谁在顶楼屋顶上呜呜地大叫起来，闷声闷气的，仿佛在招呼："快走！快走！大祸临头……"

这节骨眼儿上，在漆黑漆黑的半空里，燃起了两盏圆溜溜的绿灯，其实是一双凶恶的眼睛。紧接着，一个黑影无声无息地一闪而过，差一点擦着你的脸。你怎么能一点也不害怕呢？

正因为这种恐惧心理，所以**猫头鹰**才不招人喜欢。树林里夜夜狂笑的鸮鸟，笑声尖锐刺耳；栖息在屋顶上的鸮鸟，用难听的声音一个劲儿地招呼："快，走！快，走！"

即便是大白天，要是从黑乎乎的树洞里，突然一个怪脑袋探了出来，圆眼睛黄澄澄的，嘴巴尖得像钩子一样，还发出很响的吧嗒吧嗒的声音，也很容易被吓一大跳呢！

深更半夜，家禽中起了一阵骚乱，鸡鸭鹅乱叫作一团，咯咯咯、呷呷呷、嘎嘎嘎吵成一片，第二天早晨，哪家主人发现小鸡的数儿不对了，那一定是鸮鸟干的。

拓展阅读

猫头鹰

鸮形目中的鸟被叫作猫头鹰。总数超过130种，除南极洲以

外所有的大洲都有分布。该目
鸟类面盘和耳羽使本目鸟类的
头部与猫极其相似，故俗称猫
头鹰。

猫头鹰绝大多数是夜行性
动物，昼伏夜出，白天隐匿于
树丛岩穴或屋檐中不易见到。
食物以鼠类为主，也吃昆虫、
小鸟、蜥蜴、鱼等动物。

猫头鹰一旦判断出猎物的
方位，便迅速出击。它的羽毛
非常柔软，翅膀羽毛上有天鹅

猫头鹰

绒般密生的羽绒，因而猫头鹰飞行时产生的声音很小，一般哺乳
动物的耳朵根本无法听到。这样无声的出击使猫头鹰的进攻更有
"闪电战"的效果。

光天化日打劫

不只是夜晚，就是在大白天，猛禽也把集体农庄庄员们闹得
不得安宁。

老母鸡一个麻痹大意，鸢鹰就抓走了一只小鸡。

一只公鸡刚跳上篱笆，鸹一把就抓走了它！鸽子刚从屋顶上
飞起，来历不明的游隼冲入鸽群，一爪子就抓得绒毛四散飞舞；
它抓起那只死鸽子，一下子就飞得无影无踪了。

万一猛禽遇上了庄员，那恨得咬牙切齿的人，只要一见有钩

形嘴和长爪子的猛禽，就立刻打死它。但也不要赶尽杀绝，他要是把周围一带所有的猛禽都打死或赶跑，那就悔之晚矣了：田里的老鼠将大批地繁殖，金花鼠会吃光整片庄稼，兔子会啃光整个菜园里的白菜。

不计后果的庄员将在经济上受到很大损失。

不一样的猛禽

首先要学会辨别猛禽，才不会把事情搞糟。有些猛禽专吃野鸟和家禽。有些猛禽则吃老鼠、田鼠、金花鼠和蚱蜢、蝗虫等。

不管模样有多么可怕，它们也是大自然的一员。大角鸮和圆脑袋的大鸮鹰也常常捉啮齿动物吃。

白昼飞出来的猛禽里，最凶猛的是老鹰。我们这里有两种老

鹰：硕大的游隼和小个子的鹞鹰（比鸽子细长一些）。

老鹰是灰色的，胸脯上有杂色的波纹；小小的脑袋，低低的前额，淡黄的眼睛，圆圆的翅膀，长长的尾巴。老鹰是一种非常强悍、凶猛的鸟。它们敢扑比自己个子大的动物，甚至肚子饱着时，也会毫不犹豫地捕杀小鸟。

鸢的尾巴尖是分岔的，根据这一特征，很容易辨认它。比老鹰弱得多的它，不敢扑个子大的飞禽走兽，只是到处张望，寻找笨头笨脑的小鸡，或是啄食腐烂的动物尸体。

大隼也是种凶猛的鸟。它们的翅膀尖尖的、弯弯的，像两柄镰刀。它们飞得比任何鸟都快，而且常常猛扑那些正在高飞的鸟，这样可以避免在扑空时，猛地一下在地上撞破胸脯。

最好不要去惊动那些小隼鹰。例如红隼。它们有个绰号叫作"疟子鬼"。在田野的上空，你常常可以看到这种红褐色的鸟。它们仿佛被一根隐形的线悬在半空里，抖动着翅膀（绰号"疟子鬼"因此得名），在搜寻草丛里的老鼠、蚱蜢和蚯蚓。

雕对人类的害处要比好处多。

怎样打猛禽

在巢旁攻击

一年四季都可以打猛禽，方法各式各样。

最方便的方法，是在它们的巢旁边打，但这很危险。

硕大的猛禽为了保卫雏鸟，会狂叫着向人直扑过来。你不得不在离它很近的地方开枪。枪要打得快，要不然你就自身难保了。不过，它们的巢很不容易发现。雕、老鹰和游隼都把家安在难以攀登的岩石上，或是茂密森林里的高大树木上。大角鸮和大鸮鹰的巢在岩石上，或者就在稠密的丛林里的地上。

偷　袭

雕和老鹰常常落在干草垛上、白柳树上，或者孤零零屹立着的枯树上，寻找可以捕捉的小动物。绝不让人走近它们。

这时就得偷袭了，可以从灌木丛或者石头后悄悄地爬过去打。切记，必须选用射程远的来复枪和小子弹。

带个帮手

去打白昼活动的猛禽时，猎人常带上一只大角鸮。

第一天，在附近一处小丘上，他把一根木杆插在土里，上面

再安一根横木；离这根木杆几步路远，在土里埋一棵枯树，再在旁边搭个小棚子。

第二天早晨，猎人把带来的大角鸮放在木杆的横木上系好，自己躲进小棚子里。

用不着等很久。只要老鹰或鸢发现这个可怕的丑八怪，它们马上就扑过来。大角鸮经常在夜里出来打劫，所以有不少想要报复的仇敌。仇人见面，分外眼红。

它们打着盘旋，一次次扑向大角鸮，落在枯树上大声叫着。

系在木杆上动弹不得的大角鸮，只能竖起浑身羽毛，眨巴着眼睛，无计可施。

怒气冲天的猛禽，根本顾不上旁边的小棚子。这时你就可以开枪了。

黑夜袭击

黑夜打猛禽最有趣了。老雕和其他大猛禽飞去过夜的地方，很容易被发现。比如，在没有岩石的地方，雕就在孤零零的大树顶上打盹儿。

一个没有月光的黑夜，猎人来到这样一棵大树旁。

雕正在沉睡，猎人可以悄悄走到树下，他出其不意地亮出身边的强光灯（手电筒或者电石灯）。雕被这突如其来的耀眼亮光照醒了，迷迷糊糊地眯着眼睛。头脑有些发昏的它什么也看不见，搞不清楚是怎么回事，待在那儿一动不动。

猎人从树下望上去，却看得清清楚楚。他瞄准了猎物才开枪。

夏猎开禁了

从7月底开始，等得不耐烦的猎人就心焦起来了，雏鸟已经长大了，可是省执行委员会还没有规定今年打猎开禁的日期。

后来，这一天终于盼到了。报上登出公告说，今年从8月5日起开禁，许可在树林里和沼泽上打飞禽走兽。

每位猎人都早已把弹药装好，把猎枪擦了又擦。8月6日那天，下班的时候，各处城市的火车站上都挤满了挎着猎枪、牵着猎犬的人。

嗬！火车站上有各种各样的猎犬：短毛的、光毛的、尾巴直得像鞭子的。白色带小黄斑点的；黄色带杂色斑点的；棕色带杂色斑点的。白色，眼睛、耳朵、全身有大黑斑的；深咖啡色的；浑身乌黑，油光闪亮的。有长毛的、尾巴像羽毛的谍犬。它们的毛色，有白色闪着青灰色光的小黑斑点的；有白色带大黑斑的；有"红色"的长毛猎犬——浑身火黄的，浑身火红的，几乎纯红色的；还有大个儿的猎犬，行动迟钝的它们显得很笨拙，黑毛带黄色斑点。这些猎犬都是为夏天打猎、打刚出巢的野禽而饲养的；经过训练的它们，一嗅到飞禽的气味，就站住一动不动，鼻子朝着飞禽所在的方向，等候主人走过去。

还有一种矮小的猎犬，毛很长，脚很短，耳朵长得快要垂到地上了，尾巴短短的，这是西班牙狗。它们不会站定指示方向，可是有了这种狗，你在草丛里、芦苇里打野鸭，或在茂密的树林里打松鸡，都非常方便。

无论飞禽在水里，在芦苇丛里，还是在茂密的灌木林里，这种狗都能把它撵出来。如果飞禽被打死或打伤了，不论落在何处，这种狗都能衔来交给主人。

大多数猎人都乘近郊火车下乡，每一节车厢里都有。车厢里的人都瞧着他们的漂亮猎犬，大家高谈阔论，谈论着野味、猎犬、猎枪和打猎的事迹。猎人们豪气干云，觉得自己简直成了英

雄好汉，他们不时地抬起眼睛，骄傲地望着这些没带猎枪和猎犬的"平常"乘客。

6号晚上和7号清晨的火车，又把那些乘客载了回来。咳！好多猎人的脸上，那种扬扬得意的神情完全消失了。他们一无所获，瘪瘪的背包垂头丧气地挂在背上。

那些"平常人"笑容满面地望着这些不久之前的英雄好汉。

"野味去哪儿了？"

"留在林子里了。"

"飞到其他地方送死去了。"

正在这时，一位猎人从一个小车站上了车，迎接他的是一阵阵赞美声。原来他的背囊装得鼓鼓的。他只顾着找座位，不看任何人。大伙儿连忙给他挪出地方，他大模大样地坐了下来。邻座的乘客可真够眼尖心细，一下子就向全车厢的人揭了他的底："咦！……你这野味怎么全是带绿脚爪的啊！"说着，那位乘客毫不客气地揭开了背包的一角，里面露出了云杉树枝的梢儿。这多难为情啊！还是不要自欺欺人了。

森林里的新规矩

　　森林里的小孩子都已经长大了，都出来活动了。

　　春天，鸟儿成双成对，住在固定的地盘上，现在却带了孩子们，在整个树林里"游牧"。

　　森林居民们迎来送往，相互拜访。

　　猛兽和猛禽也不再死守着一个地方捕食了。到处都有野味，足够吃的。

　　树林里，貂、黄鼠狼和白鼬窜来窜去，它们在各处都可以轻易地找到东西吃。傻头傻脑的雏鸟、缺乏经验的小兔和粗心大意的小老鼠们都要增强自我保护意识了。

　　灌木和乔木间，集合着一群群的鸣禽正在旅行。

　　群有群规。规矩如下：

我为鸟鸟，鸟鸟为我

　　谁要是最先发现了敌人，就得立刻尖叫一声，警告大家赶紧四散飞逃。只要有一只鸟遇险，大家就一齐上阵，飞起来大吵大叫着吓退敌人。

成百双眼睛和耳朵时刻保持着警惕，成百张尖嘴准备着把敌人击退。加入鸟群的雏鸟，当然是多多益善。

雏鸟必须严格遵守鸟群的规矩：行为举止都要模仿老鸟来做。老鸟们不慌不忙地啄麦粒，雏鸟也得啄麦粒。老鸟们抬起头来一动不动，雏鸟也得照做。老鸟们逃走，雏鸟也得紧随其后。

训 练 场

鹤和琴鸡都有一块真正的训练场，为的是教授自己的孩子们一些技能。

林子里有琴鸡的训练场。小琴鸡聚集在那里，盯着看琴鸡爸爸的一举一动。

琴鸡爸爸咕噜咕噜叫，小琴鸡也学着咕噜咕噜叫起来。琴鸡爸爸"啾拂——拂！啾拂——拂"地一叫，小琴鸡也"啾拂——拂！啾拂——拂"地叫起来，尖声尖气的。

如今，琴鸡爸爸的叫声变得跟春天不同了。春天时它仿佛在说："我要卖掉皮袄，我要买件大褂！"现在却倒了过来："我要卖掉大褂，我要买件皮袄！"

鹤的训练场上，飞来了排成队伍的小鹤，它们正学习在飞行时如何排成整齐的"人"字阵。这样，它们才能在长途飞行时节省力气。

身强力壮的老鹤，飞在"人"字阵的最前面。身为全队先锋的它要冲破气浪，任务比较艰巨。

假如它飞累了，就退到队伍的末尾，由其他有力气的老鹤来替换。

小鹤跟在领队的后头飞，头尾相接，一只紧跟着一只。有节拍地鼓动着翅膀。身体强一些的飞在前面，弱一些的就跟在后面。"人"字阵用头前的三角突破一个个气浪，和小船用船头破浪前进是同一道理。

咕尔，勒！咕尔，勒

　　这是在发令："注意，到地方了！"

　　鹤一只跟着一只落到地上。这里是田野当中的一块空地，小鹤们跳啊，转啊，按节拍做出各种灵巧的动作，就像是体操和舞蹈。还有一种必做的练习最难：用嘴抛起一块小石子，再用嘴接住。

　　它们就这样，为长途飞行做着准备……

蜘蛛飞行家

　　没有翅膀的**蜘蛛**怎么是飞行家呢？

　　原来是有窍门！几只小蜘蛛摇身一变，成了气球驾驶员。

　　小蜘蛛从肚子里放出根细丝挂在灌木上。坚韧的细丝被微风吹得左右飘动，怎么吹也吹不断。

从灌木上挂下来的蜘蛛丝直到地面，飘荡在空中。小蜘蛛还是站在地上抽丝，丝缠住了身体，缠得浑身都是，好像一个蚕茧，可丝还在抽。

蜘蛛丝越抽越长，风越吹越大。

小蜘蛛用八只脚牢牢地抓住地面。

一、二、三——小蜘蛛迎着风，把挂在细枝上的那一头给咬断了。

小蜘蛛一下子就被一阵风给刮走了。

别担心，它飞了起来！

赶快把缠在身上的丝解开！

升空的小气球飞得高高的，飞过了草地和灌木丛。

驾驶员从上往下瞧：降落在什么地方才最安全呢？

下面是树林和小河。继续向前飞！

咦，这是谁家的小院子？一群苍蝇正绕着一个粪堆飞舞。就在这里吧！降落！

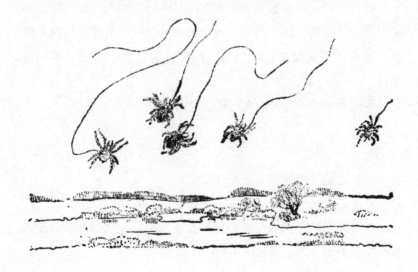

驾驶员把蜘蛛丝绕在身下，再把蜘蛛丝缠成一个小团儿。小气球慢慢降落了……

蜘蛛丝的一头挂在草叶上，小蜘蛛安全着陆！

可以在这里安居乐业了。

秋天，在天气晴朗干燥的时节，有许多小蜘蛛用这个窍门飞行在空中。那时，乡村的人们会说："秋天上年纪了！"那是秋宛如银丝的飘飘白发。

 拓展阅读

蜘　蛛

蜘蛛是节肢动物门蛛形纲蜘蛛目所有种的通称。除南极洲以外，全世界分布。

全世界的蜘蛛已知约有4万种，中国记载约3000种（截至2007年11月）。

最大的蜘蛛是南美洲的潮湿森林中的格莱斯捕鸟

身形巨大的捕鸟蛛

蛛。它在树林中织网，以网来捕捉自投罗网的鸟类为食。雄性蜘蛛张开爪子时有38厘米宽。最小的蜘蛛为施展蜘蛛，曾在西萨摩尔群岛采到一只成年雄性施展蜘蛛，体长只有0.043厘米，还没有印刷体文字中的句号大。

以生活及捕食方式可以大致分成：结网性蜘蛛和徘徊性蜘蛛。

结网性蜘蛛的最主要特征是它的结网行为。蜘蛛通过丝囊尖端的突起分泌黏液，这种黏液一遇空气即可凝成很细的丝。以丝结成的网具有高度的黏性，是蜘蛛的主要捕食手段。对粘上网的昆虫，蜘蛛会先对猎物注入一种特殊的液体消化酶。这种消化酶能使昆虫昏迷、抽搐，直至死亡，并使肌体发生液化，液化后蜘蛛以吮吸的方式进食。蜘蛛是卵生的，大部分雄性蜘蛛在与雌性蜘蛛交配后会被雌性蜘蛛吞噬，成为母蜘蛛的食物。

徘徊性蜘蛛则不会结网，而是四处游走或者就地伪装来捕食猎物，如高脚蜘蛛。

有的蜘蛛可以用网做成一个气球，随风飘行到别的地方。

蜘蛛对人类有益又有害，但就其贡献而言，主要是益虫。例如，在农田中蜘蛛捕食的大多是农作物的害虫。同时许多中医药中，都有用蜘蛛入药的记载，因此，保护和利用蜘蛛具有重要的意义。

一只山羊吃光了一片树林

我并没有开玩笑，一只山羊真的吃光了一片树林。

这只山羊是守林人买的。他把它带回树林里，拴在草地上的一根柱子上。半夜，山羊挣脱绳子逃走了。

周围全是树。往何处去呢？幸亏那一带没有狼。

守林人找了3天，也没找到。第4天，它自己回来了，咩咩咩地叫着，仿佛说："你好，我回来了！"

晚上，邻近一位守林人慌慌张张地跑来了。原来山羊啃光了他那个地段上的所有树苗，整个一片树林都被吃光了！

小树苗们完全不懂得保护自己。任何一只牲口，都能把它从土里拔出来吃掉。

山羊看了看，觉得细小的松树苗味道应该不错。它们看起来可真漂亮，像小棕榈似的，纤细的小红柄，软软的绿针叶，像一把把扇子似的张着。

羊可不敢去招惹大松树，因为大松树会戳它个皮破血流！

■ 森林记者 维利卡 报道

捉 强 盗

在林子里，成群结队的黄篱莺到处飞。它们在每一棵树上、每一棵灌木中，飞上飞下，遛来遛去，把每个角落都仔仔细细地搜寻了一遍。树叶后面、树皮上、树缝里，无论哪里有青虫、甲虫或蝴蝶飞蛾，都弄出来吃掉。

"啾咿！啾咿！"一只小鸟惊惶地叫了起来。所有小鸟立刻都留起神来，原来底下有只正偷偷爬过来的凶恶的貂。它藏在树根之间，时而露出乌黑的脊背，时而隐没在地上的枯木间。它扭动着细长的身子，像条蛇一样，在阴暗中两只狠毒的小眼睛露出凶光。

"啾咿！啾咿！"四面八方的小鸟全都叫了起来，这群鸟集体匆忙地离开了那棵大树。

白天还好。只要有一只鸟发现敌人，整群鸟就都可以逃脱。夜晚，小鸟躲在树枝下进入了梦乡。敌人猫头鹰可没闲着，它们用软软的翅膀拨着空气，悄无声息地飞过来，看准位置就下爪子！睡得迷迷糊糊的小鸟惊慌失措，只能四下乱窜。可还是有两三只被抓去了，在强盗的铁爪中挣扎着。天黑的时候，可真得当心！

这会儿，这群身子轻巧的小鸟，飞过一棵棵树木，穿过密密层层的树叶，直钻进森林深处最隐蔽的角落里去了。

在茂密的丛林中间，有一个粗大的树桩子。树桩子上有一簇奇形怪状的木耳。

一只篱莺飞到木耳跟前，想看看有没有蜗牛。

忽然，那木耳的灰茸茸的帽儿掀了起来，只见下面有一双圆溜溜的眼睛，一闪一闪的。

这时，篱莺才看清一张猫一样的圆脸，脸上有张钩状的弯嘴。

大吃一惊的篱莺连忙闪向一旁，尖声高叫起来："啾咿！啾咿！"鸟群骚动了，可一只小鸟也没逃。大家集合起来，把那个可怕的树桩子团团围住。

"猫头鹰！猫头鹰！猫头鹰！救命！救命！"

猫头鹰怒气冲冲，钩嘴一张一合，发出吧嗒吧嗒的响声，似乎在说："哼！真讨厌！搅和了我的美梦！"

在篱莺警报的召唤下，许多小鸟已经从四面八方飞了过来。

捉强盗！

高大的云杉上，黄脑袋戴菊鸟飞了下来。灌木丛里，身段灵巧的山雀跳了出来，勇敢地参加了战斗。就在猫头鹰的眼前，它们一边不停地打着盘旋，一边还忘不了冷嘲热讽：

"来啊！来啊！你来捉我们啊！有能耐就来啊！你的本事呢？大白天你敢吗！你这个该死的强盗！"

猫头鹰只能无奈地吧嗒吧嗒嘴，眨巴眨巴眼睛。光天化日的，它可没办法还击。

还有鸟儿络绎不绝地飞来。一大群淡蓝色翅膀的松鸦，被篱莺和山雀的喧嚣声吸引而来，它们可是出了名的胆大力壮。

猫头鹰被吓坏了，赶紧扇动着翅膀逃之夭夭。因为要是逃得慢些，会被松鸦啄死的。

松鸦在后面穷追不舍，一直把它追出了森林。

今天夜里，篱莺可以睡个安稳觉了。有了这场大闹，吓破胆的猫头鹰在很长时间内都不敢回到老地方来。

草　莓

在森林边缘上，草莓发红了。小鸟找到红色的草莓果，就衔着飞走了。草莓的种子会被它们散播到很远的地方去。可是，有一部分草莓的后代仍留在原地，并排长在亲生母亲的旁边。

瞧，在这棵草莓旁，匍匐在地上的藤蔓已经出现了。藤蔓梢儿上，是一棵小小的新植株：一簇丛生的小叶子和根的胚芽。这边还有一棵藤蔓。有3簇丛生的小叶子在同一棵上。第一棵小植株已经扎根了；其余梢头上的两棵还没完全发育好。藤蔓从母体植株向四面八方爬去。要打算找带着去年子女的老植株，就得在这一带野草稀疏的地方。比如这一棵，母本植株在中间，周围一圈圈的，每一圈有5棵，一共有3圈它的小孩子。

就像这样，草莓一圈一圈地向四下扩展，占据土地。

■ 尼·巴甫洛娃 报道

吓破胆的狗熊

这天晚上，猎人很晚才从森林回到村庄里来。他刚走到燕麦田边，只见有个黑乎乎的东西在燕麦田里直转悠。这是什么东西？难道是哪只牲口淘气，闯到不该去的地方了吗？

猎人仔细一看，我的老天爷！原来是只大狗熊。它肚皮朝下趴在地上，用两只前掌搂住一束麦穗，压在身底下正舒坦地吮呢！燕麦浆应该很对胃口，因为它十分得意，边吮边哼哧。

　　这位猎人是个勇敢的小伙子，他刚才是去森林里打鸟，身边只有一颗小霰弹。

　　他心想："咳！管它三七二十一，先给它一枪再说。总不能任由熊糟蹋大伙的麦田啊！不给它点颜色，它是不会挪窝的。"

　　他装上霰弹，朝着狗熊开了一枪，不偏不倚，正好响在它的耳边。

　　枪声一响，没有提防的狗熊被吓得猛地蹦了起来，像只鸟似的蹿到麦田边上的灌木丛里去了。蹿得过于用力，摔了个大跟头；慌不择路的狗熊急忙爬起来，头也不回地跑到森林里去了。

　　猎人见狗熊如此胆小，不由得哈哈大笑起来。他笑了一阵，就回家去了。

　　第二天，他想去看看田边上到底有多少麦子被狗熊糟蹋了。他来到昨天那个地方，一路上都有熊粪的痕迹，一直通到森林里，原来昨天狗熊吓得都拉肚子了。

　　他循着痕迹找去，只见狗熊一动不动地躺在地上，强壮的它竟然被吓死啦！

　　这么说，不经意间竟把它给吓死了。外强中干的它，真不配当森林里最强大、最可怕的野兽！

食用蕈

雨后，又有蘑菇长出来了。

长在松林里的白蘑菇，是最好的蘑菇。

白蘑菇长得厚实肥硕，帽是深栗色的。它们的香味儿叫人闻了特别舒服。

在林中道路旁的浅草丛里，长出了一种油蕈。这种蕈有时就长在车辙里。它们的嫩芽像小绒球似的。虽然好看，却是黏糊糊的，总有些枯树叶、细草秆之类的东西沾在上面。

在松林中的草地上，长出了一种棕红色的蘑菇，火红火红的，隔得老远都很显眼。在这种地方，有不少这种蘑菇。大的跟小碟子差不多大，帽儿被虫子蛀得七穿八洞，颜色发绿。那些不大不小的，比铜钱稍小一点的蘑菇，才是最好的。这种才肥硕厚实。它们的帽儿中间下凹，边缘卷起。

云杉林里也有很多蘑菇。云杉树下也长出了白蘑菇和棕红色蘑菇，但和松林里的不一样。白蘑菇的帽儿是深颜色的，有点发黄；柄更细更长。棕红蘑菇的颜色就跟松林里的完全不同，帽儿上绿得发蓝，还有一圈一圈像树桩上年轮一样的纹理。

　　白桦树和白杨树下，也各有样子独特的蘑菇。它们也因此而得名：白桦蕈和白杨蕈。离白桦树很远的地方，白桦蕈也能生长；白杨蕈却紧紧地跟着白杨树，它只能在白杨树的根上生长。端端正正的白杨蕈婀娜多姿；蕈帽、蕈柄都如雕刻一样。

■ 尼·巴甫洛娃 报道

毒　蕈

　　雨后，不少毒蕈也长了出来。食用蕈大都是白色的。可毒蕈也有白色的。你得留心辨别！它是毒蕈中毒性最强的一种。吃一小块毒白蕈，比被毒蛇咬上一口还可怕，足以令人送命。误食这种毒蕈而中毒的人，很少能恢复健康。

　　还好，毒白蕈并不难辨认。它有个明显区别于食用蕈的特点，它的柄好像是插在细颈大花瓶里似的。据说，毒白蕈和香蕈很容易混淆，它们的蕈帽都是白色的。不过，香蕈的柄样子普通，并不像是插在花瓶里。

　　毒白蕈和毒蝇蕈最像。有人甚至叫它白毒蝇蕈。如果用铅笔画在纸上，就很难认清它的真面目。跟毒蝇蕈一样，毒白蕈的蕈帽上有白色的碎片，蕈柄上就像围着一条领子。

　　还有两种毒蕈要当心，胆蕈和鬼蕈都很容易被当作白蕈。它们的不同之处在于：蕈帽背后和白蕈不一样，不是白色或浅黄色的，而是粉红色或红色的。假如捏碎白蕈的蕈帽，仍然是白色的。假如捏碎胆蕈和鬼蕈的蕈帽，它们的颜色起初会变红，随后又变黑。

■ 尼·巴甫洛娃 报道

 **拓展阅读**

怎样分辨毒蘑菇？

1. 观颜色

　　毒蘑菇多呈现金黄、粉红、白、黑、绿等鲜艳的颜色。无毒蘑菇多为咖啡、淡紫或灰红色。

2. 闻气味

毒蘑菇有土豆或萝卜味。无毒蘑菇为苦杏或水果味。

3. 看形状

毒蘑菇一般比较黏滑，菌盖上常沾些杂物或生长一些像补丁状的斑块。菌柄上常有菌环（像穿了超短裙一样）。无毒蘑菇很少有菌环。

4. 看分泌物

将采摘的新鲜野蘑菇撕断菌秆，无毒的分泌物清亮如水，个别为白色，菌面撕断不变色；有毒的分泌物稠浓，呈赤褐色，撕断后在空气中易变色。

5. 看生长地带

可食用的无毒蘑菇多生长在清洁的草地或松树、栎树上；有毒蘑菇往往生长在阴暗、潮湿的肮脏地带。

6. 化学鉴别

取采集或买回的可疑蘑菇，将其汁液取出，用纸浸湿后，立即在上面加一滴稀盐酸或白醋，若纸变成红色或蓝色的则有毒。

7. 擦拭法

在采摘野蘑菇时，可用葱在蘑菇盖上擦一下，如果葱变成青褐色，证明有毒，反之不变色则无毒。

8. 自然试验法

在煮野蘑菇时，放几根灯芯草、些许大蒜或大米同煮，

毒蘑菇的一种——毒蝇鹅膏菌

蘑菇煮熟，灯芯草变成青绿色或紫绿色则有毒，变黄者无毒；大蒜或大米变色有毒，没变色仍保持本色则无毒。

另外，如果不能把握确定蘑菇是无毒的，千万不要食用，如果不慎误食了有毒蘑菇，应及时采取催吐、洗胃、导泻等有效措施进行处理，并及时送医院诊治。

"雪花"纷飞

昨天，我们这儿出了新鲜事：湖上竟然飘起了纷飞的雪花。在空中，鹅毛大雪轻飘飘地飞舞着，眼瞅着要飘落到水面上，却又腾空升起，不住回旋着，从空中洒落下去。天空晴朗无云，阳光也很强烈。灼热的阳光下，热空气徐徐流动，一丝风也没有。可湖上却是大雪纷飞！

今早，整个湖面和湖岸上，都洒满了一片片僵死的雪花，干巴巴的。

这种雪花又脆又暖，奇怪的它们既不会被灼热的太阳晒化，也不会被阳光照得闪闪放光。

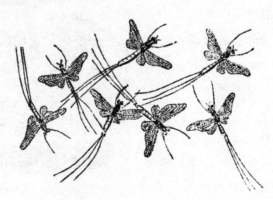

我们一直走到岸边，才看了个明明白白。原来这并不是雪，而是成千上万的蜉蝣。

这些有翅膀的昆虫是昨天从湖水里飞出来的。在黑洞洞的湖底，它们整整住了3年。那时还是些小幼虫，样子丑丑的，成群地蠢动在湖底的淤泥里。

淤泥和臭烘烘的水苔是它们的食物。长时间处于黑暗之中的它们，从未见过太阳。

就像这样，它们度过了整整的1000天。

昨天，那些幼虫终于爬上了岸。它们把丑恶的幼虫皮脱掉，把轻巧的翅膀展开，拖出三条又细又长的线尾巴，升到空中去了。

因为只拥有短短一天的寿命，所以它们在空中纵情地回旋跳舞，因此，人们叫它们短命鬼。

整整一天时间，它们都在阳光中跳舞，像轻盈的雪花似的飞翔、旋转。雌蜉蝣降落到水面，在水里产下很小的卵。

当太阳下山、夜幕降临之时，湖岸和水面上撒满了蜉蝣的尸体。

蜉蝣的小幼虫将会由卵孵化而成。它们又将在黑暗的湖底度过整整3年，然后又展开翅膀，飞到湖水的上空里来享受短暂的快活的一天。

拓展阅读

蜉 蝣

蜉蝣目的昆虫通称蜉蝣，具有古老而特殊的性状，是最原始的有翅昆虫。它们的翅不能折叠，体形细长柔软，通常为3毫米~

掠过水面的蜉蝣

27毫米，触角短，复眼发达，中胸较大，前翅发达，后翅退化，腹部末端有一对很长的尾须，部分种类还有中央尾丝，稚虫水生。成虫不取食，寿命很短，仅一天而已，是目前已知的寿命最短的昆虫。

蜉蝣主要分布在热带至温带的广大地区。全世界已知有2100余种。中国已知200种左右。

幸运的白野鸭

湖中央落了一群野鸭。

我在岸上仔细观察。那是一群生着夏羽的纯灰色雄野鸭和雌野鸭。我惊讶地发现其中有只浅颜色野鸭。最为显眼的它，总是待在野鸭群的中间。

我端起望远镜，又仔细研究了一番。它浑身上下都是浅奶油色的。清晨，当明亮的太阳从乌云后探出头来时，它会忽然变得雪白得直晃眼，在深灰色的同类之中，尤为突出。除了颜色，它并无特别之处。

我打了50年猎，还是第一次见到这种患色素缺乏症的野鸭。患这种病的鸟兽，血里缺乏色素；它们一生下来，就浑身雪白，或是非常淡的颜色，一生都是如此。自然界里，动物的保护色是性命攸关的，可怜它们却没有。有了保护色，鸟兽才可以不显眼地在居住地生活啊！

能够从猛禽的利爪下存活下来，这只野鸭可真算是个奇迹。现在可打不到它，因为这群野鸭就是为了避免人走近开枪，才落在湖心休息的。只能等待时机，等到那只白野鸭在岸边的时候。

心神不宁的我怎么也没想到，机会来得如此之易。

一天，沿着这湖窄窄的水湾，我正在行走，突然有几只野鸭从草丛里飞了出来，其中就包括那只白野鸭。我举枪就射。但在开枪的那一刻，一只灰野鸭挡住了白野鸭。被霰弹打伤的灰野鸭掉了下来，白野鸭却和其他野鸭夺路逃走了。

这当然只是偶然。不过，那年夏天，我在湖中心和水湾里，还曾多次见过那只白野鸭。总是有几只灰野鸭陪伴着它，好像是在护送它一样。猎人的霰弹自然只能打中普通灰野鸭，而白野鸭却在保护下安然无恙地飞走了。

我始终也没能打到它。这只白野鸭常出现在诺甫戈罗德省和加里宁省的交界处的皮洛斯湖上。

■ 维·比安基 报道

山 鼠

我们正挑选马铃薯时，突然有东西在牲畜栏里沙沙地钻动起来。后来有只狗跑来在附近蹲下，用鼻子闻了起来。可那小家伙仍在沙沙地钻动。狗一边汪汪地叫着，一边开始刨坑，因为那小家伙正向它窸窸窣窣地钻来。狗挖了个小坑，这下就能看到一点小家伙的头了。

后来，狗又挖了一个大坑，小家伙就被拖了出来，不甘就擒的小家伙咬它以示反抗。被咬疼了的狗一下子就把小家伙从身上扔了过去，大声地吠了起来。那小家伙的大小和小猫差不多，灰蓝色的毛，带点黄、黑、白色。我们通常叫它山鼠。

把蘑菇都忘了

9月里，我和几个同学一起到树林里去采蘑菇。在那儿有4只榛鸡被我吓跑了。灰色的榛鸡的脖子都是短短的。

后来，我看见树墩上挂着一条已经干了的死蛇。树墩上有个小洞，洞里有东西发出唑唑的叫声。我猜那一定是个蛇洞，就赶紧离开了那个是非之地。

森林令我大开眼界，看到了许多我从未见过的东西。当我走近沼泽地时，7只好像绵羊似的鹤从沼泽地上飞起。之前我只在学校里的图画书上见过鹤。

同伴们收获颇丰，每人都采了满满一篮的蘑菇，可我总是在树林里跑来闯去，因为有赏不尽的美景。到处都有鸟儿飞来飞去，到处都有鸟儿歌唱啼啭。

当我们回家时，一只灰兔从路上跑过，它的脖子和后脚都是白色的。

我小心翼翼地绕过那棵有蛇洞的树墩。许多雁正飞过我们的村庄，大声地咯咯叫着。

■ 森林记者 别兹美内依 报道

"魔法师" 喜鹊

春天，农村里几个顽皮孩子捣毁了一个**喜鹊**窝。我从他们手里买来一只小喜鹊。仅用了一天一夜，它很快就很驯服了。第二天，它已经敢从我手里吃食喝水了。我们给这只喜鹊取名"魔法师"。这个称呼它很受用，我们一叫，它就答应。

喜鹊的翅膀长齐之后，总喜欢飞到门上去站着。门对面的厨房里摆有一张桌子。桌子有个可以拉出来的抽屉，里面总是放有一些食物。有时，我们刚拉开抽屉，喜鹊就从门上飞下来，钻到抽屉里急急忙忙地抢着啄那里面的东西。把它拖出来的时候，它还乱叫乱吵，不肯出来呢！

我去打水的时候，只要喊一声："'魔法师'，跟我来！"

它就会落在我的肩上，跟我一起出发了。

我们吃早饭时，喜鹊总是头一个忙活起来：又是抓糖，又是抓甜面包，有时甚至会把爪子伸到滚烫的牛奶里去。

最有趣的，还要数我在菜园的胡萝卜地里锄草时。

"魔法师"就蹲在垄上看我在干什么。然后也开始拔垄上的草，学着我的样子把一根根绿茎拔起来，放到一堆儿。你瞧，它在帮我锄草呢！

不过，它可搞不清哪些东西是要除掉的。它一股脑儿地把杂草和胡萝卜苗都拔出来了。好一个不分青红皂白的助手啊！

■ 森林记者 薇拉·米赫耶娃 报道

拓展阅读

喜 鹊

又名客鹊、干鹊、飞驳鸟，鸟纲雀形目鸦科鹊属的一种。喜鹊体型很大，羽毛大部为黑色，肩腹部为白色。喜鹊多生活在人类聚居地区，食物中80%以上都是危害农作物的昆虫，比如蝗虫、蝼蛄、金龟子、夜蛾幼虫或松毛虫等，15%都是谷类与植物的种子。

喜鹊一般3月筑巢，巢筑好后开始产卵，每窝产卵5枚~8枚。喜鹊肉可入药，叫声婉转，在中国民间将其作为吉

展翅飞翔的喜鹊

祥的象征，牛郎织女鹊桥相会的传说及画鹊兆喜的风俗在民间都颇为流行。

喜鹊分布范围很广，除中、南美洲与大洋洲外，几乎遍布世界各大陆。在中国，除草原和荒漠地区外，见于其他各地。

躲躲藏藏

天冷了，美丽的夏天逝去了……

血液都快要被冻得凝固了，动作变得懒洋洋的，总想打个瞌睡。

有尾巴的蝾螈，在池塘里住了整整一夏，从没出来过。现在，爬上岸来的它慢慢地爬到树林里去了。找到一个腐烂的树墩，它就往树皮下一钻，在里面缩成一团。

青蛙则正好相反：它们从岸上跳进池塘，沉到池底，钻进深深的淤泥里。蛇和蜥蜴躲到树根底下，把身体埋在暖和的青苔里。鱼儿成群结队挤在河川的水深处，水底的深坑里。

蝴蝶、苍蝇、蚊虫、甲虫之类的，都钻到树皮和墙壁的裂口、缝隙里躲起来了。蚂蚁把所有的大门都堵上了，它们那有100个站的高城的出口入口，也被全部封锁起来了。爬到高城最深处去的它们挤作一堆，彼此紧紧地挨着，一动也不动地安然入睡了。

忍饥挨饿的时期来临了！

飞禽走兽等热血动物并不是很怕冷。它们能有东西吃，身体里就好像燃起了火炉一样。可是，饥饿总是随着寒冷一道降临。

蝴蝶、苍蝇、蚊虫都躲了起来；

没有食物吃的蝙蝠也只得偃旗息鼓，躲在树洞、石穴、岩缝里和阁楼屋顶上面，用后脚爪抓住石壁、房梁或是天花板，头冲下倒挂着。它们用翅膀裹住身体，如同裹了一件斗篷，就这样睡去了。

青蛙、癞蛤蟆、蜥蜴、蛇、蜗牛，全都躲了起来。刺猬躲在树根下的草窠里。獾也很少出洞了。

空中赏秋——候鸟飞往越冬地

如果能从空中俯瞰我国无边无际的国土，那该有多么美好！秋天，乘热气球升到高空里，离地面大约30公里吧！比屹立不动的森林和浮动的白云还要高。可即便是升到那么高，也无法看见我国国土的边缘。但是，只要天空晴朗无云，没有云层遮蔽大地，视野还是非常开阔的。

从如此高的地方看去，会觉得整个大地在移动：似有什么东西在森林、草原、山丘和海洋上面移动……

原来是无数的鸟群。

我们这里的鸟儿，离开故乡，飞向过冬的地方。

当然，也有些鸟留了下来，像麻雀、鸽子、寒鸦、灰雀、黄

雀、山雀、啄木鸟和其他许多小鸟，都没有飞走。所有的野雉（除了鹌鹑以外）也没有飞走，还有老鹰和大猫头鹰这些猛禽。冬天，它们在我们这里也是无事可做，因为大多数鸟儿冬天都离开了。候鸟从夏末就开始动身：最先飞走的，正是春天最后飞来的那一批。如此，持续整整一个秋天，直到河水冻冰才结束。最后离我们而去的，也是春天最先飞来的那一批：秃鼻乌鸦、云雀、椋鸟、野鸭、鸥等。

什么鸟往哪儿飞

你们一定以为鸟类是从同温层飞往越冬地，那么所有鸟群都应该是从北往南飞，对不对？才不是呢！这可没有你想象的这么简单！

各种不同的鸟类，在不同时候飞走，大多数是在夜里飞，因为更安全些。而且，并非所有鸟类都从北方飞到南方去过冬。有些鸟，秋天从东方飞去西方。有些截然相反，从西方飞去东方。我们这里有些鸟，一直都飞到北方去过冬！

我们的特约记者，有的发来了无线电报，有的利用无线电广播向我们报道：什么鸟往哪儿飞；有翅膀的旅行家们在旅途中的身体状况如何。

从西往东

"喊，依！喊，依！"这是红色的朱雀正在鸟群里交谈。早在8月里，它们就从波罗的海海边、从列宁格勒省区和诺甫戈罗德省区开始了旅行。它们从容不迫地飞着：到处有足够吃喝的食物，有什么可忙的呢？又不是急着赶回故乡去筑巢和养育雏鸟！

我们看见它们飞过伏尔加河、飞过乌拉尔一座不高的山岭；现在看见它们出现在西伯利亚西部的草原巴拉巴。它们日复一日地向东飞，飞向日出的方向，从一片丛林飞到另一片丛林，巴拉巴草原上到处都是桦树林。

它们尽可能夜间飞行，白天休息、进食。虽然是成群结队飞行，而且群里每只小鸟都留神地望着四周，生怕遭逢不幸。可惨事还是时有发生，稍微一个疏忽，就会被老鹰捉去一两只。在西伯利亚，雀鹰、燕隼、灰背隼之类的猛禽实在太多。它们飞得快极了！当小鸟从一片丛林飞往另一片时，不知有多少要被那些猛禽捉去！夜里就安全得多了，与那些白日活动的猛禽相比，猫头鹰的数量较少。

沙雀在西伯利亚转弯，因为要飞过阿尔泰山脉和蒙古沙漠，飞到炎热的印度去过冬。不知有多少可怜的小鸟，要命丧在这艰难的旅途中啊！

铝环Φ-197357号的简史

1955年7月5日，我们这里的一位俄罗斯青年科学家在北极圈外白海边的干达拉克沙禁猎区，把一只轻巧的小金属环，套在了一只北极燕鸥（雏鸟）——一种腰身纤细的鸥——的脚上。金属环上的号码

是Φ–197357。

同年7月底，雏鸟刚一学会飞，北极燕鸥就成群结队开始冬季旅行了。最初，它们向北飞向白海海域；之后，往西沿着科拉半岛北岸飞；之后，又往南沿着挪威、英国、葡萄牙和整个非洲的海岸飞。它们绕过好望角，向东方移动——从大西洋向印度洋飞去。

1956年5月16日，一位澳大利亚科学家在大洋洲西岸福利曼特勒城附近，捉住了这只脚戴着Φ–197357号金属环的小北极燕鸥。从干达拉克沙禁猎区到这里的直线距离是24 000公里。

它的标本连同脚上的金属环一起，都被很好地保存在澳大利亚彼尔特城动物园的陈列馆里。

从东往西

每年夏天，在澳涅加湖上，都有乌云般的大群野鸭和白云般的鸥要孵化出来。秋天到来之时，这些乌云和白云，就要向西，向日落的方向飞去。**针尾鸭**群和鸥群动身飞向越冬地。让我们乘坐飞机跟在后面飞吧！

你们听见一阵刺耳的啸声吗？紧接着，是水的泼溅声、翅膀的扑棱声、野鸭惊天动地的嘎嘎声、鸥的呐喊声……

这些针尾凫和鸥，本打算在林中湖泊上小憩片刻，谁知此时一只迁徙的游隼发动了突然袭击。它就像牧人的长鞭带着尖啸抽穿空气一般，在升到空中的野鸭背上一闪而过。它那最后一个指头的爪，锋利得如同一柄小弯刀，凭借这只利爪，它冲破了野鸭群。一只野鸭受伤了，长长的脖子像鞭子似的垂下，还没来得及掉入湖水，那动作神速的游隼，蓦地一个转身，在水面上一把就把它抓住，用钢铁般的嘴朝后脑上只一啄，就带走当午餐享用了。

这只游隼，是野鸭群眼中的瘟神。它从奥涅加湖起飞，和它们一同飞过了列宁格勒、芬兰湾、拉脱维亚……它肚子饱时，就蹲在岩石或树上，漠不关心地望着鸥在水面上飞翔，野鸭在水上头朝下翻跟头，望着它们从水面上升起，集结成队，继续向西，向着那个黄金球似的太阳朝波罗的海的灰色海水里降落的地方飞行。但是，游隼只要肚子一饿，立刻飞快地赶上野鸭群，逮出一只来填饱肚子。

它就这样跟着野鸭群，沿着波罗的海海岸、北海岸飞行，跟着野鸭群飞过不列颠岛。一到那里，这只有翅膀的凶徒终于不再继续纠缠它们了。我们的野鸭和鸥就留在这里过冬，如果游隼自己愿意，它就跟随其他野鸭群向南，飞向法国、意大利，越过地中海飞向炎热的非洲。

拓展阅读

针尾鸭

针尾鸭是中型游禽，属水鸭类。在各种内陆河流、湖泊、低洼湿地都可以见到它们的身影，在开阔的沿海地带，如空旷的海湾、海港等地常能够见到数百只的集

针尾鸭

群。广布于中国全境，也分布于欧洲北部、北美及北非。

针尾鸭游泳轻快敏捷，飞翔快速而有力，在陆地上行走也很好。性情胆怯而机警。以草籽、嫩芽和种子为食，也吃水生无脊椎动物。脚趾间有蹼，善于在水中游泳和戏水，但很少潜水。游泳时尾露出水面。

向北，向北——飞向长夜漫漫之地

多毛绵鸭（我们做冬大衣用的又轻又暖的鸭绒就属于它们）在白海的干达拉克沙禁猎区，平静地孵化出了雏鸟。多年来，那个禁猎区已经做了许多工作来保护绵鸭。大学生和科学家们把很轻的带号码的金属环套在绵鸭脚上，为了弄清楚绵鸭从禁猎区飞到何处过冬，有多少绵鸭回到禁猎区自己的老巢来，也为了把这些奇妙鸟类的其他各种生活细节都弄清楚。

现在我们已经知道了，绵鸭从禁猎区差不多是一直向北，飞到长夜漫漫的北方去，飞到北冰洋去，那里有格陵兰海豹，还有白鲸拖长声音在大声叹息。

不久，整个白海就要被一层厚厚的冰覆盖起来，冬天绵鸭在这里找不到食物。在北方，水面一年四季不结冰，海豹和巨大的白鲸在那里捉鱼吃。

绵鸭从岩石和水藻上啄水里的软体动物吃。这些北方的鸟类饥不择食，只要能吃饱就行了。气候酷寒，周围一片汪洋、一片黑暗，它们都无所畏惧。它们的绵鸭绒冬大衣，不透丝毫寒气，堪称世界上最暖和的绒毛！何况那里的空中还常有北极光出现呢，有朗月和明星。那里的太阳一连几个月都不从海洋里探头，又有什么要紧呢？北极的野鸭反正是舒服安逸，吃得饱穿得暖，自由自在地度过漫长的北极冬夜。

候鸟搬家之谜

有的鸟一直向南飞，有的向北，有的向西，还有的向东，这究竟是为什么呢？

为什么有的鸟要等到冰冻雪落、无食可吃时才离我们而去；有的鸟（例如雨燕）却每年在固定的日期离开，那固定的日期按照日历来说十分精准，竟然一天也不差，虽然周围还有很多东西吃？

而主要的问题是：它们是如何知道秋天该飞往哪儿，越冬地在哪儿，又沿着什么路线往那儿飞呢？

这种现象着实令人捉摸不透：比如说，在莫斯科或列宁格勒附近，一只雏鸟从蛋里孵化出来。它却要飞到南非洲或印度过冬。我们这里有一种飞得很快的小游隼，它从西伯利亚一直飞向天边，直飞到澳大利亚去。在澳大利亚住上一段时日，再飞回我们西伯利亚来，享受我们这里的春天。

琴鸡受骗记

秋天快到时，琴鸡集合成很大的一群。群里有硬翅膀的黑色雄琴鸡，有浅棕黄色带斑点的雌琴鸡，还有年轻的琴鸡。

闹哄哄地，琴鸡群飞到浆果树丛里来了。

它们就地解散，有的啄坚硬的红越橘，有的用脚爪刨开草，吞下碎石和细沙。在琴鸡嗉囊和胃里，较硬的食物能被碎石和细沙磨碎，这样有助于消化。

干枯的落叶堆上发出了沙沙声，这是谁的疾行步伐？

警觉的琴鸡都抬起头来。

一只北极犬向这边跑来了！它的头在树木间一闪而过，竖着两只尖尖的耳朵。

琴鸡很不情愿地飞上了树枝。有的则躲在草丛里。

北极犬在浆果树丛里乱闯一气，把琴鸡通通吓跑了。

后来，它蹲在树底下，眼睛盯着树上一只挑准的琴鸡，汪汪叫了起来。

琴鸡也瞪着眼瞅它。过了一会儿，琴鸡在树上十分无聊，就在树枝上走来走去，总是回过头来看北极犬。

真讨厌！赖在这儿不走干吗？肚子都饿了……快走吧！等它一走，又可以飞下去啄果吃了……

突然，砰的一枪，一只琴鸡应声落地，原来当它在树上看北极犬时，偷偷靠近的猎人出其不意地开枪射击了。于是，这群受了惊的琴鸡把翅膀扑棱得很响，一飞而起，飞过森林的上空，向着远离猎人的地方飞去。林中空地和小树在身下闪过。哪里还能歇脚呢？这里是否也有猎人藏着？

3只黑琴鸡选择蹲在白桦林边光秃秃的树顶上，显然这地方很安全。假如林中有人，它们是绝不会如此安心待着不动的。

琴鸡群越飞越低，最终喧嚣地落在树顶上。原来蹲在那里的3只琴鸡头也不转，像树墩一样呆呆地蹲在树上。新来的琴鸡仔细上下打量，这是3只地地道道的琴鸡——漆黑的身体，鲜红的眉毛，翅膀上有白斑，尾巴分岔，小眼睛乌黑闪亮。

一切都很正常。

砰！砰！怎么回事？哪里来的枪声？怎么有两只新来的琴鸡摔下树枝了？

一阵轻飘飘的烟雾在树顶上空升起，不大一会儿工夫，就消散了。可原来那3只琴鸡，还和方才一样纹丝不动。新来的琴鸡群也待在树枝上，望着它们。下面没有人，为什么要飞走呢?!

新来的琴鸡转了转脑袋，打量了一下四周，总算是安下心来。

砰！砰……枪声再度响起。

一只雄琴鸡，像一团泥似的掉在地上；另一只向树顶上空蹿了出去，之后又跌下来。琴鸡群惊慌失措地从树上飞起，在那只受了致命伤的琴鸡从高空跌到地上以前，就逃得无影无踪了。只有原来那3只琴鸡，仍保持着原来的姿势，纹丝不动。

下面，一间隐蔽的棚子里，带枪的猎人走了出来，他捡起死琴鸡，然后把枪靠在树上，爬上了白桦树。

白桦树顶上3只琴鸡的黑眼睛，犹如沉思般凝视着森林上空某处。原来，一动不动的黑眼睛都是小黑玻璃珠子。这3只不会动的家伙也是用黑绒布块做的。只有嘴和分岔的尾巴，是曾属于真正琴鸡的。

猎人取下一只假琴鸡，爬下这棵白桦后，又爬上另一棵树去取另外两只。

在远处，那些心惊胆战的琴鸡正飞过一座森林。它们满腹狐疑，仔细地瞧看每一棵树和灌木，谁知在哪里还暗藏杀机？到哪里去躲避这个诡计多端的拿枪的人？你永远也无法预料，他究竟会用什么法子来暗算你……

好奇的雁

每位猎人都清楚，雁是种好奇心很强的鸟。而且他们还知道：雁比任何鸟都要谨慎。

离河岸1公里的浅沙滩上，一大群雁待在那儿。人无论走路坐车都到不了那里。雁把头藏在翅膀下，缩起一只脚，安安稳稳地睡大觉。

有什么可怕的呢？它们有步哨！在这群雁的每一面，都有一只老雁站岗。老雁不睡觉，也不打瞌睡，全神贯注地瞅着四面八方。在这样的情形下，你可以试试，怎样给它们来个措手不及？

岸上出现一只小狗。那些放哨的老雁马上抻长脖子，瞧瞧这

只狗意欲何为。

狗在岸上跑来跑去，一会儿跑向这边，一会儿又窜向那边，不知在沙滩上捡些什么，瞅也不瞅这群雁。

没什么可疑的。但是很奇怪！这只狗为什么在那儿跑来跑去呢？得靠近看个清楚才好……

一个步哨蹒跚地走到水里游起来。轻微的波浪声，又把三四只雁吵醒了。它们也看见了小狗，也游向岸边去了。

游近时才看清楚，原来从岸上的一块大石头后面，许多面包团儿飞了出来，时而往这边，时而往那边，都掉在了沙滩上。狗摇着尾巴，扑上去捡面包团儿吃。

面包团儿是哪儿来的啊？

石头后面的是谁？

几只雁越游越近，游到岸边的它们抻长脖子，拼命想瞧个明白……可是，一位猎人从石头后跳出，用百发百中的枪法，把好奇的它们全都打落到水里去了。

六条腿的马

雁在田里大吃特吃。它们成群结队用餐，四面站着步哨。不论是人还是狗，都不准许走到近前。

远处田野里，马在走来走去。它们对雁群可构不成威胁！众所周知，温和的马是一种草食动物，不会去侵犯飞禽的。有一匹马，一面捡着又短又硬的残穗吃，一面走向雁群这边，越走越近。不要紧的，即便它走到跟前，也还来得及起飞。

这匹马真是个怪物……竟然有六条腿。有四条腿是普通的马腿，另外两条腿却穿着裤子。

担当步哨的雁，咯咯咯地叫了起来，这是在发警报。群里的雁都把头抬起来。

怪马慢慢地靠近了。步哨扇动翅膀，飞过去侦察情况。

它从上空看得明白：有个人躲在马后面，手里还拿着枪呢！

"咯咯咯！快逃啊！快逃啊！"侦察员急忙发出信号，这是在通知雁逃走。整群雁一下子鼓起了翅膀，沉甸甸地飞离了地面。

懊丧的猎人在后面连开两枪。可是它们早已飞远了，霰弹一颗也没打到。

雁群完全脱险了。

应　战

在森林里，每晚此时，驯鹿战斗的号角声就传了出来。

"不怕死的就出来厮杀吧！"

一头老驯鹿从长着青苔的兽穴里站了起来。它宽阔的犄角分成十三支，身长约2米，体重有400多千克。

谁有如此胆量，敢向这林中的一级大力士挑战呢？

老驯鹿把笨重的蹄子，深深地踩在湿漉漉的青苔里，气势汹汹地赶去应战，挡路的小树都被踏断了。

这时，又传来了对手战斗的号角声。

老驯鹿也用吼声应答对手。吼声可真叫可怕，琴鸡群被吓得惊慌失措，噗噗地从白桦树上逃走了；胆小的兔子被吓得失魂落魄，从地上一跳老高，拼命冲到密林里去了。

"看谁敢……"

老驯鹿眼里布满血丝，也不管哪是道路，径直迎面冲向对手。森林逐渐稀疏，终于冲到了一片林中空地……原来对手在此啊！

它从树后使劲向前冲去，想用犄角撞，用笨重的身体压倒对手，再用锐利的蹄子把对手踩个稀烂。

直到枪声响起，老驯鹿才看见，一个拿枪的人出现在树后，腰里还挂着一个大喇叭，这就是引它来此的对手。

老驯鹿夺路而逃，摇摇晃晃地跑向密林，中枪的它十分虚弱，鲜血正从身上的伤口不断流出。

注意！注意！

这里是列宁格勒《森林报》编辑部。

9月22日，今天是秋分日。我们继续用无线电报告祖国各地的情形。

苔原和原始森林、草原和海洋，都请注意！

请你们讲讲，秋天，你们那里是什么情况？

喂！喂！
这里是雅马尔半岛苔原

我们这里一切都结束了。夏天，岩石上曾是热闹的鸟类集市，现在那里已然变得冷清寂寥了。小巧玲珑的鸣禽从这里飞走了；雁啊，野鸭啊，鸥啊，乌鸦啊，也都飞走了。到处一片寂静。只有一阵可怕的骨头相撞声偶尔传来，这是雄鹿在用鹿角相撞。

早晨的严寒，8月就开始了。现在，到处的水都被冻住了。捕鱼的帆船和机动船早已开走。轮船稍微耽搁几天，就被冰封住了去路。笨重的破冰船正在坚固的冰原上费力地开出一条路来。

白昼越来越短。长夜漫漫，漆黑冰冷。空中飞舞着白色的苍蝇。

这里是乌拉尔原始森林

我们正忙着送往迎来。我们在迎接从北方、从苔原来到这里的鸣禽、野鸭和雁。它们是途经此地，不会停留很长时间。今天飞来一群鸟，休息进食；明天你再去看，它们早已离开了——半夜里，它们不慌不忙地飞向了远方。

我们正欢送在此地度夏的鸟儿。我们这里的大部分候鸟，已经踏上了漫长的秋天旅程，去追寻那远离我们的阳光，到温暖的地方去过冬。

白桦、白杨和花楸（qiū）树上，枯黄、发红的叶子正被风扯下。落叶松泛出金黄的颜色，柔软的针叶变得粗糙了；每晚，一些笨重的、长着胡子的林中雄松鸡，会飞到落叶松的树枝上。乌黑的它们，蹲在色调柔和的金黄色针叶间填饱嗉囊。榛鸡在黑黢黢的云杉间尖声叫着。许多红胸脯的雄灰雀和淡灰色的雌灰雀、

深红色的松雀、红脑袋的朱顶雀、角百灵都在这里出现。它们也是来自北方，因为觉得这里很不错，也就不再继续往南飞了。

田野荒凉了，在晴朗的白天，刚刚能觉察得出的微风，吹动着细长的蜘蛛丝，飞翔在田野的上空。最后一批三色堇（jǐn）还在盛开。许多美丽的小果实悬挂在桃叶卫矛的灌木丛上，鲜红鲜红的，好像中国的小灯笼。

马铃薯快要被挖完了，菜园里正在收割最后一批蔬菜——卷心菜。菜窖被装得满满的，这是准备过冬用的。我们还在原始森林里采集杉松的坚果。

小野兽们也不甘落后。有一条细细的小尾巴、背上有五道刺眼黑条纹的小**金花鼠**把许多杉松的坚果拖到树墩下去了，还从菜园里偷来不少葵花子，把仓库填得满满的。在树枝上晒蘑菇的棕红色的松鼠，正在换上淡蓝色的"皮大衣"。林中的长尾鼠、短尾野鼠和水老鼠，都在用各种各样的谷粒，填满各自的仓库。星鸦（林中有斑点的乌鸦）也在忙着把坚果搬运到树洞里、树根底下去，预备闹饥荒时果腹。

熊找好了一处做熊洞，正在用脚爪撕云杉树皮做褥子。

大家都在准备过冬，都在辛勤地工作。

拓展阅读

金花鼠

金花鼠

金花鼠是背部有纵条花纹的小型松鼠，松鼠家族中体型最小的成员，祖先可以追溯到数百万年以前。只要

有大量的种子，有适于掘洞以保护其不受众多捕食者伤害的土壤，它们几乎可以在任何地方生活。

金花鼠两颊内有两个富于弹性的袋子——颊袋。颊袋大得可以装进多达7个橡子，就像随身带着一个饭盒一样，它们可以把食物存在颊袋里，饿了，就拿出来吃一顿。

金花鼠是极为爱清洁的动物，总是在不停地修饰自己。

仲夏季节，浆果和一些其他的果实成熟了，金花鼠非常熟练地剥去果实的其余部分，仅仅带着种子满载而归。当冬天临近时，金花鼠在树下觅食的时间减少，更多地待在自己的洞穴中。

这里是沙漠

我们这里正在过节，又如春天般生气勃勃了。

令人难忍的暑热消退了。雨下个不停，空气清新，远处的景物轮廓分明。草又发绿了。那些躲避夏日骄阳的动物，又都现

身了。

甲虫、蚂蚁、蜘蛛都从地下钻了出来。细爪子的金花鼠钻出了深洞；跳鼠拖了一根长长的尾巴，像小袋鼠似的蹦蹦跳跳。夏眠醒来的巨蟒又开始捕食了。一些猫头鹰、草原狐（鞑靼狐）、沙漠猫不知从何而来。快腿的羚羊——体态轻盈的黑尾羚羊、弯鼻羚羊——飞跑着。鸟儿飞来了。

这里又和春天一样，有的是绿色和生命，都不再像是沙漠了。

我们继续在沙地上旅行。

几百、几千公顷的土地，将要铺上防护林带。森林将保护田野免受沙漠热风的吹袭，还要克制住沙漠。

这里是世界屋脊

这里的帕米尔山高极了，人们称它世界屋脊。有的山峰超过7000米，直冲云霄。

我们这里，在同一时间，夏冬并存：山下是夏天，山上是冬天。

可现在秋天来了。冬天开始从山顶、从云端里下降，把生命挤下山顶。

有一种野山羊夏天住在寒冷的悬崖峭壁上，现在它们最先离开下山了；那里所有的植物都被雪埋了起来，冻死了，没有东西可吃了。

山上的绵羊也开始向自己的牧场道别，下得山来。

夏天，在高山草场上，有许多肥大的**土拨鼠**，如今都踪迹不见。退到地底下去的它们，贮足了过冬的食物，养得肥头大耳，躲在地洞里，用草做的硬塞子堵住入口。

公鹿、母鹿都沿着山坡下来了。在胡桃树、阿月浑子树和野杏树的丛林里，有野猪度日。

下面的溪谷、深谷里，一些夏天此地从未见过的鸟突然现身：角百灵、烟灰色的草地鹨、红背鸲、神秘的蓝鸟——山鸫。

鸟儿成群结队，从遥远的北方飞到我们这温暖的地方来了，这里各种各样的食物应有尽有。

现在，山下面常常下雨。随着一场场秋雨，冬天正一步步临近，山上在落雪呢！

田里正在采棉花，果园里正在采摘各种水果，山坡上正在采胡桃。

白雪早已积满了山顶上的道路，通行极为困难了。

拓展阅读

土拨鼠

顾名思义，土拨鼠很善于挖掘地洞，通常洞穴都会有两个以上的入口，以策安全。土拨鼠也具备游泳及攀爬的能力。多数都在白天活动，喜群居，善掘土，所挖地道深达数米，内有铺草的居室，非常舒适。它们不贮存食物，而是在夏天往体内贮存脂肪以便冬季在洞内冬眠。

土拨鼠最迷人的地方，莫过于那条可爱的尾巴和短短胖胖的手脚了。它的嘴巴前排有一对长长的门牙，呆呆傻傻的模样相当地讨人喜欢。土拨鼠非常机警，不仅经常察看周围情况，还专门有负责放哨的。

土拨鼠

这里是乌克兰草原

许多活泼的小球，沿着被太阳晒焦的平坦草原飞跑、跳跃。飞到跟前的它们把人包围起来，扑到了脚上，但却没有丝毫的疼痛感：因为它们很轻。其实这哪里是什么小球，而是一团团干草枯茎，圆圆的很像小球，草端和茎尖向四处翘着。现在草团飞过土丘和石头，到小丘后面去了。

这是一丛丛成熟的风卷球，被风连根拔起，如轮子般被推着跑，足迹遍布整个草原。它们趁此良机，把种子四处撒播。

热风很快就没办法游荡在草原上了。森林带已矗立起来保卫田地，这些都是苏联人民创造的。有了这些护田林带的保护，我们的收成将免遭旱灾的伤害。灌溉渠由伏尔加河—顿河列宁通航运河通来，一直到我们这里。

在我们这里，此时最适合打猎了。各种各样沼泽地的野禽和水禽，本地的或路过的，大批地拥集在草原湖的芦苇中。一群群肥胖的小鹌鹑，密集在小峡谷里没割过草之处。草原上有许多兔子，都是有棕红色斑点的大灰兔，这里没有白兔。狐狸和狼也不少！你可以用枪，也可以放猎狗去捉，没人阻拦你！

城里的市场上，西瓜、香瓜、苹果、梨、李子等瓜果，堆如小山一般。

喂！喂！
这里是大洋

我们穿过北冰洋的冰原，经过亚洲和美洲之间的海峡，进入了太平洋。在白令海峡，起先我们经常遇到鲸；后来我们在鄂霍次克海也常遇到。

世界上竟然有令人如此惊奇的动物！你试想一下，它们的身子得有多大、多重，力气得有多大啊！

我们看到一头露脊鲸或鲱鲸，被拖到一艘捕鲸船的甲板上。这头鲸有21米长。要是把一头头大象头尾相接放到它身上，竟可以放上6头！它的嘴里可以容下一艘包括荡桨人的木船。

它的一颗心脏就有148千克，和两位成年人的体重相等。它体重55 000千克，也就是55吨！

如果制作一架巨大的天平，把这头鲸放在天平盘里，那么，为了使天平平衡，另一个盘里得站上大大小小、男女老少1000人，但如此多的人也许还不够呢。更何况，这头鲸并非最大的。还有一种蓝鲸，有33米长、100多吨重……

它们的力气相当大。有时，被带绳索的标叉叉住的鲸，能拖着船走一天一夜；更糟的是，一旦它潜进水里去，轮船也会被一起拖进去。

这种事以前曾经发生过，如今则另当别论了。我们无法相信，只有一眨眼的工夫，横在面前的这个怪物（力大无穷的一座肉山）就死在捕鲸人的手中。

不久之前，捕鲸人还从小船上投带索的标叉捕鲸。水手站在小船头上，把鱼叉投向鲸身。后来，捕鲸人开始从船上打特制的炮，炮筒里装的并非炮弹，而是带索的标叉。这只鲸就是被这样击中的，致命的不是铁叉，而是电流。原来，有两根电线装在带索的标叉上，电线的另一头接通船上的发电机。在标叉像针一样戳进鲸身体的一刹那，电路一通，强大的电流就给鲸致命一击。

这个大家伙的身子抖动了一下，两分钟后就一命呜呼了。

在白令海峡附近，我们看见了海狗；在铜岛附近，看见了一些大海獭，正带着小海獭玩耍。它们的毛皮都非常贵重。过去，它们几乎要被日本强盗和俄国沙皇强盗杀光了，后来由于政府法律的严格保护，如今这里海獭的数目，才增长得很快。

我们在堪察加的岸边，看到了一些巨大的**海驴**，大小几乎和海象差不多。

但当我们见到了鲸以后，这些野兽一下子就都变得很小了。

现在是秋天，鲸都到热带的温水里去了。它们将在那里生小鲸。明年，鲸妈妈将要带着小鲸，游到太平洋和北冰洋的海水里来。这些还在吃奶的小鲸，个子比两头牛还要大呢。

在我们这里是不猎捕小鲸的。

我们和全国各地的无线电通报，就到此结束了。

下一次通报，也是最后一次，将在12月22日。

拓展阅读

海 驴

学名北海狮，又叫北太平洋海狮、斯氏海狮等。是体型最大的一种海狮，因为在颈部生有鬃状的长毛，叫声也很像狮吼，所以得名。它的雄兽和雌兽的体型差异很大，雄兽的体长为310厘米~350厘米，体重1000千克以上；雌兽体长250厘米~270厘米，体重大约为300千克。

北海狮（海驴）

北海狮身体主要为黄褐色，胸部至腹部的颜色较深，雌兽的体色比雄兽略淡，幼兽黑棕色。它们主要聚集在饵料丰富的地区，白天在海中捕食，游泳和潜水主要依靠较长的前肢，偶尔也会爬到岸上晒晒太阳，夜里则在岸上睡觉。它的食性很广，主要食物包括乌贼、蚌、海蜇和鱼类等，多为整吞，不加咀嚼。为了帮助消化，还要吞食一些小石子。它的消化道很长，肠道的长度就达80米左右。

北海狮多集群活动，有时在陆岸可组成上千头的大群，但在海上常发现有1头个体或10多头的小群体。

北海狮在岸上活动时非常机警，胆量与它庞大的身躯极不相称，一有风吹草动便集体迅速回到海水中，即使在睡觉时，群体中也有"哨兵"担任警戒，发现危险，立刻发出信号，告知同伴。"哨兵"对警戒工作十分认真，昂首四顾，一边听着声响，一边嗅着气味，即使是海鸥的叫声，也能引起它们的恐惧，惊慌逃跑。有时也会毫不介意地靠近渔船，但一旦察知有危险时就迅速远离，然后大声吼叫进行威吓。

准备过冬

天气还不太冷，但也不能麻痹大意。寒气一朝袭来，大地和水都会被冰封起来。那时节到哪里找东西吃呢？又藏身何处呢？

森林里的每只动物，都在用自己的方式为过冬准备。

要飞走的，都鼓起翅膀飞走躲避饥寒了；留下来的，都忙着装满自己的仓库，准备储足冬粮。

短尾野鼠搬运起食物来十分起劲儿。许多野鼠直接在禾草垛里或粮食垛下掘个洞过冬，每天夜里都往里面偷运粮食。

每个洞都有五六个小过道，每个过道都通往一个洞口。地底下还有一间卧室和几间仓库。

冬日里，野鼠要到天气最冷时才睡觉，故此还有时间把大批的粮食储藏好。有些已经在洞里收集了四五千颗精选的谷粒。

这些小家伙专门在庄稼地里偷粮食。为了保护收成，我们得多加防范。

过冬的小植物

　　树木和多年生的草类，都在准备过冬。一年生的草本植物已经播下了种子。但并非所有一年生草类都以种子的形态过冬。有的已经发芽了。在翻过土的菜园里，很多一年生的杂草已生长起来。在荒凉的黑土地上，有荠菜的一簇簇锯齿状小叶子；还有和荨麻相似的、毛茸茸的紫红色野芝麻小叶子；还有小巧玲珑的香母草、三色堇、犁头菜，当然还有烦人的紫缕。

　　这些小植物都准备度过冬天，一直存活到明年秋天。

准备过冬的植物

　　一棵多枝杈的椵树，在雪地上很是醒目，宛如棕红色的斑点。这棕红色不是叶子，而是坚果上那小舌头似的小翅膀。这种小坚果结满了椵树长长短短的树枝。

　　有此装饰的不只是椵树。瞧，这棵高大的桦树上挂着多少干果啊！那些像豆荚似的干果又细又长，一簇一簇、密密层层地挂在树上。

　　山梨树要算是最漂亮的。直到此时，山梨树上还保留着一串串鲜艳夺目的、沉甸甸的浆果。你仔细瞧瞧，小蘖（niè）上也有浆果。

　　桃叶卫矛的奇妙果实还在炫耀美丽，简直就像带黄色雄蕊的玫瑰花。

这里还有一些乔木，没有来得及在入冬以前留下后代。

白桦树枝上东一簇西一簇，有干了的柔荑花，花里藏着翅果。

赤杨的黑色小球果也还没有落掉。不过，白桦和赤杨都有时间准备柔荑花序，这是给春天的礼物。春天一到，这些花序只要伸直身子，张开鳞片，花就开了。

榛子树也有粗粗的暗红色柔荑花序，每根树枝上有两对。不过，树上的榛子早已见不到了。榛子树来得及安排好一切事宜：作别后代，入冬前的准备都做好了。

■ 尼·巴甫洛娃 报道

储藏蔬菜

短耳朵水老鼠，夏天住在小河边的别墅里。它在地下有间住宅。有一个过道从房门口斜着向下，一直通到水里。

现在，在距离水比较远的、多草墩的草场上，水老鼠为自己安排好了一间舒适暖和的冬日住宅。这间住房四通八达，有好多

条一百来步长或更长的过道通到这里。

在一个顶大的草墩下，设有铺着柔软暖和的草的卧室。

有几个专门的过道，连起了储藏室和卧室。

储藏室里收拾得

井井有条。水老鼠从田里和菜园里弄来的五谷、豌豆、蚕豆、葱头、马铃薯等，都依照严格的秩序，被分门别类地收藏在里面。

松鼠的晒台

松鼠在树上有几个圆圆的家。其中一个被当成了仓库。它把在林中搜集来的小坚果和球果，都储藏在里面。

此外，松鼠还采集了一些蘑菇，有油蕈和白桦蕈。它把蘑菇穿在折断的松枝上晒干。到了冬天，它将在树枝上爬来爬去，把干蘑菇当作点心吃。

活的储藏室

姬蜂找到了一间奇怪的储藏室，这是为它的幼虫准备的。姬蜂拥有飞得很快的翅膀，一双敏锐的眼睛长在朝上卷曲的触角下。它的胸部和腹部，被非常细的腰分作两截；在腹部的尾巴尖上，有根像缝衣针一般细长挺直的尾针。

夏天，姬蜂找到一条又肥又大的蝴蝶幼虫。它扑上去，用尖刺戳进幼虫的皮肤，在上面钻了个小洞，还在洞里产下一个卵。

姬蜂飞走了。被刺过的幼虫很快便恢复正常，又吃起树叶来了。秋天来临，幼虫结茧成蛹。

此时，蛹里面的姬蜂幼虫也从卵里孵化而出。这坚固的茧既

暖和又安全。而蝴蝶幼虫的蛹，也是足够姬蜂幼虫吃上一年的食物。

夏天再度来临时，破茧飞出的并非蝴蝶，而是一只身子细长挺拔、黑红黄三色的姬蜂。姬蜂帮了我们人类一个忙，它把危害庄稼的昆虫幼虫杀掉了。

拓展阅读

姬　蜂

在昆虫世界中，有一种蜂生来体型娟瘦，头前一对细长的触角，尾后拖着三条宛如彩带的长丝，再加上两对透明的翅膀，飞起来，摇摇曳曳，甚有飘然欲仙之意，然是好看！大概也正是因为这个缘故，这一类蜂就有了一个"姬蜂"的雅名。

姬蜂属膜翅目姬蜂科昆虫，分布很广。

姬蜂大多是黄褐色，尾后的长带只有雌蜂才有，那是一条产卵器和两旁产卵器的鞘形成的三条长丝。这么长的产卵器也是昆虫中不多见的，有的种类甚至超过自己的体长呢。

这一类昆虫种类不少，10年前有人统计，世界上已经发现14 816种，不过据专家们估计实际数字还远不止这些，大约应有

6万种。中国估计有7000种以上，说起来也算是显赫门庭了。

黑尾姬蜂

姬蜂看起来温柔、善良，但是，它们全部成员无一不是靠寄生在其他类昆虫体上生活的，是这些小动物的致命死敌。姬蜂的寄生本领十分高强，即使在厚厚的树皮底下躲藏的昆虫也难逃其手。

所幸姬蜂中大多数种类是寄生于农、林害虫体上，可以消灭各种各样的害虫。不论哪一种姬蜂，它们在幼虫时期都要在其他类昆虫的幼虫体内生活，以吸取这些寄主体内的营养，满足自己生长发育的需要。正是由于姬蜂的寄生，寄主最终被掏空了身体而一命呜呼。

身体储藏室

有许多野兽，并不费力去造专门的储藏室。因为它们自己的身体就是储藏室。

秋天的几个月，它们放开肚皮大吃，吃得肥肥胖胖，长出一身脂肪和肉，储藏室就自然形成了。

众所周知，脂肪在皮下积成厚厚的一层，它就是储藏的养料。等野兽无食可吃时，脂肪就如养料透过肠壁一般，渗到血液里，再通过

血液输送到全身。

在整个冬天倒头大睡的熊、獾、蝙蝠，以及其他大大小小的野兽，都是靠此办法过冬的。它们把肚皮填得满满的，然后安心睡大觉。

脂肪能够保温，使寒气无法渗入身体。这样它们就可以睡得很暖和了。

黑 吃 黑

森林里的长耳鸮相当狡猾，还很爱偷东西。可它竟然也被贼偷了。

除了小一些，长耳鸮的外表和雕鸮完全相像。嘴巴如钩，头上的羽毛竖起，眼睛又大又圆。无论夜有多黑，它照样耳聪目明，不受影响。

枯叶堆里的老鼠刚窸窸窣窣一响，长耳鸮就已经飞过去了。嘟的一声——老鼠就被抓到半天空里去了。小兔在林中空地上跑过，这个夜盗已经从天而降。嘟的一声——兔子已经挣扎在利爪中了。

长耳鸮把啄死的老鼠拖回

树洞里去。它现在不吃，也舍不得请客。这要留到冬天觅不着食时再吃。

白天它在树洞里看守储藏的东西，夜里飞出去打猎。它很不放心，经常要回树洞里去看看：东西没少吧？

一天，长耳鸮忽然察觉到：储藏的东西好像变少了。眼睛尖得很的它虽不会数数，但却会用眼睛盘算。

天黑了。腹中饥饿的长耳鸮飞出去打食。它回来时大惊失色，死老鼠都不见了，只见树洞底下有只灰色小野兽一动一动，大小和老鼠一样。

它想抓住那只小野兽，可对方早已蹿过下面的一条裂缝，逃到地上溜之大吉了。那家伙的嘴里还叼着一只小老鼠呢！

长耳鸮追了上去，几乎就快要追上了，可后来定睛一瞧，就打消了念头。原来这小偷是凶猛的伶鼬。

伶鼬专靠抢劫为生。它个子虽小，却勇猛灵活，有胆量向长耳鸮挑衅。倘若长耳鸮的胸脯被它一口咬住，那就休想挣脱。

夏天去而复返

天气忽冷忽热。冷时寒风刺骨；可一会儿阳光普照，天气就变得宁静暖和。此时的天气，就仿佛夏天突然回来了一样。

草丛里，黄澄澄的蒲公英和樱草花探出了头。空中，蝴蝶在飞舞；蚊虫成群结队，如轻飘飘的柱子般回旋在空中。一只小巧玲珑的鹟鶒不知从何飞来，它翘着尾巴唱起了热情嘹亮的歌。

柳莺的温柔歌声从高大的云杉上传来，如怨如诉，轻巧而忧郁的声音，好似雨点打在水面上："敲，清，卡！敲，清，卡！"

此情此景，你会忘记这样一件事：冬天就快要来了。

受惊的青蛙

池塘，包括里面的房客，全部都被冰封了起来。可后来，冰却又突然融化了。集体农庄庄员们决定整理整理池塘。他们从池底挖出来一堆烂泥，就走开了。

太阳总是晒着。泥堆散发出水蒸气。一团淤泥忽然动了起来：一小团泥离开了泥堆，满地滚了起来。真奇怪！这究竟是何缘故？

有一小团泥露出一条小尾巴，在地上不停抽动着。扑通一声，就跳回池塘里去了！第二个，第三个，也跟着跳下去了。

可另一些却伸出小腿儿，从池塘边跳开了。这真是太奇怪了！

不，这并非什么小泥团儿，而是些浑身裹着烂泥的鲫鱼和青蛙。

它们钻到池底是去过冬的。集体农庄庄员们把它们和淤泥一起掏了出来。太阳晒热了烂泥堆，于是鲫鱼和青蛙都苏醒了。醒来的它们立即跳跃起来：鲫鱼回池塘里去了；青蛙要去找个更清静的地方，免得睡觉时再被打扰。

这时，几十只青蛙不约而同地都朝一个方向跳去。在打麦场和大路的那一边，还有一个池塘，比先前那个更大更深。青蛙已经跳到大路上了。

但在秋天，太阳的抚爱并不可靠。

乌云遮住了太阳。寒冷的北风从乌云下吹来。赤身露体的小旅行家们冷得要命。青蛙用尽全身力气跳了几下，就倒地不起了。脚被冻得麻痹了，血液也凝固了，身体一下子僵直，动弹不得了。

青蛙再也跳不动了。它们都被冻死了。

所有青蛙的头都朝着同一方向——大路那边的大池塘。那里有许多救命的暖和淤泥。

红胸小鸟

夏天，我走在森林里，听见有东西在茂密的草里跑。起初我很吃惊，后来开始仔细打量。只见一只小鸟绊在青草里出不来了。这只鸟个子不大，除了红色的胸脯，浑身上下都是灰色。我把它带回了家。一看到它，我就高兴得手舞足蹈。

在家里，我喂了点面包屑给它吃。填饱肚子的它马上就精神多了。我做了个笼子给它，又捉了些小虫。整个秋天，它都住在我家里。

有一天，我出去玩时没有关好笼子，小鸟就被馋嘴的猫吃掉了。

我很喜欢这只小鸟，甚至为此大哭一场。可事已至此，无法挽回了！

■ 森林记者 奥斯达宁 报道

捉住一只松鼠

松鼠有桩事要操心，就是夏天要把冬天的存粮采集好。我眼看着一只松鼠，从云杉上摘下一个球果，拖到洞里去。我还在这棵树上做了个记号。后来，这棵树被砍倒了，松鼠也被掏了出来，树洞里还有很多球果呢。松鼠被我们带回家，养在了笼子里。一个小男孩把手指头伸进笼子里，松鼠一口就咬穿了那个手指头——它就是如此厉害！我们拿来许多云杉球果喂它。它挺喜欢吃云杉球果，可榛子、胡桃才是它的最爱。

■ 森林记者 斯米尔诺夫 报道

我的小鸭

我妈妈把3个鸭蛋放在了一只母吐绶鸡的身下。

到了第四个星期，好多只小吐绶鸡和3只小鸭被孵化出来。在长壮实之前，我们一直在暖和的地方饲养它们。后来有一天，我们第一次让母吐绶鸡带着小鸡到外面去了。

我家附近有一条水沟，小鸭马上摇摇摆摆地走进去游起水来。母吐绶鸡跑过来，转来转去很是着急，还"哦哦"地叫着。它见小鸭在水里游得自由自在，不理不睬，就放心地带着小鸡走开了。

游了一会儿，身上冷了的小鸭从水里爬出来，嘎嘎叫着，浑身发抖却无处取暖。

我把它们放在手里，盖上手帕，送进屋去；它们立刻安静下来。它们就这样生活在我家里。

清早，我把3只小鸭放出了家，它们立刻跳进水里，一觉得冷就立即往家跑。它们的翅膀还没长齐，飞不上台阶只能叫唤。有人把它们捉到台阶上面，它们就进屋朝着我的床径直跑来，在床边抻长脖子，一个劲儿地叫唤。此时，我正在睡觉。妈妈把它们放到床上，它们就钻进被窝里睡着了。

秋天快来临时，它们已然长大；我也被送进城里去上学了。我的小鸭子对我十分想念，总是叫唤，似乎在呼唤我归来。听说了这个消息，我还流了不少眼泪呢。

■ 森林记者 薇拉·米赫耶娃 报道

星鸦之谜

我们这边的森林里，有种比普通灰色乌鸦小些的乌鸦，浑身尽是斑点。我们这里叫它**星鸦**，也就是西伯利亚人口中的星乌。

星鸦收集松子，贮藏在树洞里和树根底下以备过冬。

冬天，星鸦从一地游荡到另一地，从这座森林飞到那座，享用着贮藏的食物。

它们是在享用自己贮藏的食物吗？答案是否定的。所有星鸦都不是享用自己的贮藏，而是享用同族的。它们飞到一片从未到过的小树林，马上开始寻找其他星鸦贮藏的松子。它偷看所有树洞，在里面找寻松子。

树洞里藏着的当然好找些。可其他星鸦藏在树根下和灌木丛下的，在冬天如何寻找呢？冬天，白雪可覆盖了整个大地啊！但星鸦飞到灌木丛边，掘开下面的雪，总能准确地找到同族的存货。周围的乔木和灌木有上千棵，它怎么知道那棵树下藏有松子呢？难道有什么记号标明吗？

这些问题我们暂时还无法解答。

我们得借助奥妙的试验，来弄清星鸦究竟是用何妙法，在白茫茫一片的雪下找到同族的存货的。

拓展阅读

星　鸦

星鸦是雀形目鸦科两种尖嘴短尾的鸟，见于针叶林中。主要以种子和坚果为生，常把这些食物贮藏在地下准备过冬用。

星鸦单独或成对活动，偶成小群。动作斯文，飞行起伏而有节律。

星鸦

森林报

冬日之书

大地上，一层白雪密密匀匀地铺着。此时的田野和林中空地，犹如一本摊开的大书书页：平平的，没有一条褶皱；干干净净的，空无一字。无论是谁从此走过，都会留下这样一行："某某到此一游。"

白天下了一场雪。雪停时，这书页又重变洁白了。

早晨，你会发现洁白的书页上，印满了各式各样的神秘符号：条条、点点、逗点。这说明夜间有不同的林中居民到此一游，它们走来走去，蹦蹦跳跳，还在这里干了些什么。

是谁到过这里呢？又干了些什么？

得抓紧时间分辨这些难懂的符号，解释这些神秘的字句。要不再下一场雪，眼前又会是一张干净平展的白纸，就像有人翻了一页书似的。

读 法

在这本冬书上，每位林中居民都签了字，各有各自的笔迹和符号。人类是用眼睛来分辨这些符号的。不用眼睛，还能用什么读呢？

可动物会用鼻子读。比如狗用鼻子闻闻冬书上的字，就能读出"此地有狼来过"，或是"刚才一只兔子从此跑过"这样一行字。

走兽的鼻子相当灵敏，它们绝对不会读错的。

用什么写字

大多数走兽都用脚写字。有的用五个脚趾写，有的用四个脚趾写，还有的用蹄子写。有时，也用尾巴、鼻子、肚皮等来签字。

飞禽也用脚和尾巴写字。但也有飞禽用翅膀写。

正体字或花体字

我们的森林记者掌握了读冬书的方法，他们从这本书里读到了各类林中大事。这门学问可不易学，因为林中居民并非都是规规矩矩用楷书签字的，有的签字时爱耍些小花招。

灰鼠的字迹很容易辨认，也易记。它在雪地上蹦蹦跳跳，像玩游戏一样。跳的时候，它短短的前脚支着地，长长的后脚向前伸出很远，而且大大地岔开。前脚印很小，并不是印上两个圆点。后脚印是长长的，距离很大，仿佛两只小小的手掌，伸出细细的手指。

超级大国鼠的字虽小，但很简单，辨认起来也很简单。它从雪下爬出来时，常常是先兜个圈子，再向要去的地方一直跑去，或是回到洞里。就这样，雪地上就印上了一长串的冒号（：）——冒号和冒号之间的距离都相等。

飞禽的笔迹（比如喜鹊的）辨认起来也很容易。它的前脚趾在雪上留下小十字，后面的第四个脚趾，留下一个短短的破折号（——）；小十字的两旁，是翅膀上羽毛留下的痕迹，与手指印相似。有些地方，它那羽尖参差不齐的长尾巴，难免会从雪上抹过。

这些签字都很老实，没有半点花招。可以轻易地看出：这是一只**松鼠**爬下树来，在雪地上蹦跳了一阵，又回树上去了；这是一只老鼠从雪底下钻出来跑了一阵，兜了几个圈子，又钻回去了；这是一只喜鹊落了下来，在冻硬的积雪上跳了一会儿，尾巴在积雪上抹了一下，翅膀在积雪上扑了一下，之后就飞走了。

狐狸和狼的笔迹很难区分，不信的话你可以认认看！要是没习惯，准会被弄得糊里糊涂。

拓展阅读

松　鼠

松鼠是哺乳纲啮齿目一个科，其下包括松鼠亚科和非洲地松鼠亚科，特征是长着毛茸茸的长尾巴。与其他亲缘关系接近的动物又被合称为松鼠形亚目。松鼠一般体型细小，以草食性为主，食物主要是种子和果仁，部分物种会以昆虫和蔬菜为食，其中一些热带物种更会为捕食昆虫而进行迁徙。

松鼠最早出现在中国的

松鼠

东北、西北及欧洲。除了在大洋洲、南极洲外，全球的其他地区都有分布。

松鼠的耳朵和尾巴的毛特别长，能适应树上生活。它们使用像长钩的爪和尾巴倒吊树枝上。在黎明和傍晚，也会离开树上，到地面上捕食。松鼠在秋天觅得丰富的食物后，即会利用树洞或在地上挖洞，储存果实等食物，同时以泥土或落叶堵住洞口。

根据生活环境不同，松鼠科分为树松鼠、地松鼠和石松鼠等。全世界近35属200多种，中国有11属20多种，其中岩松鼠和侧纹岩松鼠是中国特有动物。

难读的脚印

狐狸的脚印和小狗很相似。区别就这么一点，狐狸把脚掌缩作一团，几个脚趾并得很拢。

狗的脚趾张开着，因此脚印浅一些，不着实些。

狼的脚印和大狗很像。区别也就一点：狼的脚掌两边向里缩拢，故此狼的脚印比狗的长些，也秀气些；狼的脚爪和脚掌上那几块小肉疙瘩，在雪上的印记更深些。狼脚掌印的前爪印和后爪印之间的距离，比狗的大些。在雪地上，狼脚印的前爪印往往并合在一起。狗脚印的指头上的小肉疙瘩并在一起，狼的却并非如此（右图上有3种脚印：狐狸脚印、狗脚印和狼脚印，请加以比较）。

这是本"看图识字"书。

一行行的狼脚印，很是难读，因为爱耍花招的狼常把脚印搞乱。狐狸也是这样。

狐　狸

狐狸属食肉目犬科。狐、狸是两种动物。一般所说的狐狸，又叫红狐、赤狐或草狐。它尖嘴大耳，长身短腿，身后拖着一条长长的大尾巴，全身棕红色，耳背黑色，尾尖白色，尾巴基部有个小孔，能放出一种刺鼻的臭气。

红狐狸

狐狸是肉食性动物，生活在森林、草原、半沙漠、丘陵地带，居住于树洞或土穴中。傍晚出外觅食，到天亮才回家。由于它的嗅觉和听觉极好，加上行动敏捷，所以能捕食各种老鼠、野兔、小鸟、鱼、蛙、蜥蜴、昆虫和蠕虫等，也食一些野果。因为它主要吃鼠，偶尔才袭击家禽，所以是一种益多害少的动物。故事中虚构的狐狸狡猾形象，绝不能和狐狸真正的行为等同起来。

聪明的狼

当狼一步步往前走或小跑时，右后脚总是整整齐齐踩在左前脚的脚印里，左后脚总是整整齐齐踩在右前脚的脚印里。这样一来，它的脚印是长条的，呈一条直线，仿佛有一条绳子绷在那里，它是按照绳子走或跑一样。

见了这样一行脚印，你能读出："有一只壮壮实实的狼从此经过。"

那可就大错特错了。应该这样读："有5只狼从此经过。"一只聪明的母狼走在最前头，一只老公狼跟在后面，最后面是3只小狼。

它们走的时候，后面一只狼的脚总是踩在前面那只的脚印上，而且非常准确整齐，你看了绝想不到这是5只狼的脚印。必须好好训练自己的眼睛，才能成为一个善于在银砌兽径①上追踪的好猎人。

拓展阅读

狼

狼是食肉目犬科犬属的一种。外形和狼狗相似，但吻略尖长，口稍宽阔，耳竖立不曲。尾挺直状下垂，毛色棕灰。狼的栖息范围广，适应性强。山地、林区、草原、荒漠、半沙漠以至冻原均有狼群生存。

狼既耐热，又不畏严寒。夜间活动。嗅觉敏锐，听觉良好。性残忍而机警，极善奔跑，常采用穷追方式获得猎物。杂食性，主要以鹿类、羚羊、兔等为食，有时也吃昆虫、野果或盗食猪、羊等。能

狼

---

① 猎人们把雪上的兽迹称为银砌兽径。

耐饥，也可盛饱。

狼是群居性极高的物种。一群狼的数量在5只~12只之间，在冬天寒冷的时候最多可到40只左右，通常以家庭为单位的家庭狼由一对优势配偶领导，而以兄弟姐妹为一群的则以最强一头狼为领导。狼群有领域性，且通常也都是其活动范围，群内个体数量若增加，领域范围会缩小。

树木如何过冬

你一定很好奇：树木是否会被冻死？答案是当然会。

假如一棵树整棵都冻透了，连心儿都结冰了，那就再也活不成了。在我国，假如冬天特别冷，雪又下得少的话，就会有不少树木被冻死，其中大多数是小树。幸好树木还都有防寒妙招，有法子不让寒气深入到自己身体的内部去，否则的话，所有树木都得绝种了。

要想吸收营养、生长发育、传承后代，就需要消耗大量的能和热。在一个夏天里，树木把能量积蓄得足足的，到了冬天，就不再吸收营养和生长发育，不再把能量消耗在繁殖后代上。停止活动的它们进入了深沉的长眠状态。

冬天，树木不需要会呼出大量热的树叶。为了把热量储存在身体里，树木抛弃了树叶，这是维持生命所不可或缺的。此外，在地上腐烂了的落叶也会发热，可以保护娇嫩的树根免被冻坏。

不止如此！每一棵树都有一副甲胄，保护植物的活"皮肉"免遭寒气的侵袭。每年的整个夏天，树木都把木栓组织（死的间层），储存在树干和树枝的皮下。木栓既不透水，也不透空气。空气停滞在其气孔中，阻挡住树木活机体中的热不向外散发。树的年龄越大，木栓层就越厚，因此老树、粗树的抗寒能力，要强于枝干细嫩的小树。

树木不仅有木栓甲胄。假如严寒侥幸穿透了这层防线，那在植物的活机体中，它会遭遇一道可靠的化学防御线。那是冬季前树木在树液里，积蓄起各种盐类和变为糖的淀粉。盐类和糖的溶液具有很强的抗寒能力。

不过，松软的雪被才是树木最好的防寒设备。众所周知，细心的园丁们故意把怕冷的小果树弯到地上，再用雪埋起来：这样，小果树就暖和得多了。在多雪的冬天，白雪如鸭绒被一般覆盖住森林；那时，无论天气有多冷，树木也无所畏惧。

即使严冬再难熬，我们北方的森林也不会被冻死！

"森林王子"能够抵御住一切暴风雪的袭击。

雪下牧场

积雪很深，四周一片白茫茫的。除积雪之外，大地上什么也没有，花儿早已凋谢，草儿也已干枯，一想到此，你就会感到闷闷不乐。

大家通常都会这样想，而且还自我安慰："唉，算了吧！反正这都是大自然的安排！"

其实，我们对于大自然的了解还是不够深！

今天天气晴朗暖和。趁这个好天气，我蹬上滑雪板，滑到我的小牧场（也是我的小试验场）上清除积雪。

清除积雪的工作结束了，阳光照亮了满场的正月花草，照亮了一簇簇紧贴在冰冻地面上的小绿叶，照亮了从枯草皮下钻出来的新鲜小尖叶，照亮了被积雪压倒在地下的各种小绿草茎。

在这些植物之中，我找到了我的一棵毛茛。冬天到来前，它一直在开花，此时在雪下保全了全部的花朵和花蕾，静候着春天的来临。连花瓣也未散落！

你猜我这小试验场上的植物有多少种？答案是一共62种。此时其中有36种是绿的，有5种开着花。

竟然还有人说，正月里我们牧场上无花也无草呢！看来他说错了。

■ 尼·巴甫洛娃 报道

注意！注意！

我们是列宁格勒森林报编辑部。

12月22日，今天是冬至日。现在，我们要同全国各地进行今年的最后一次无线电通报。

我们邀请苔原、草原、密林、沙漠、山岳、海洋都来参加。

此时正值隆冬，一年之中，今天白昼最短、黑夜最长。请谈谈，此时在你们那里有哪些事发生？

喂！喂！
这里是北冰洋极北群岛

本地正是黑夜最长之时。太阳已经告别，落到海洋里去了，在春天到来前再也不出来了。

冰封了海洋。本地岛屿的苔原上到处是冰雪。

还有哪些动物留在本地过冬呢？

住在海洋冰底下的，有海豹。趁冰尚未冻厚时，它们在冰里开了通气孔，尽力使通气孔保持畅通，一有薄冰封上通气孔，它们立即用嘴打通。海豹从通气孔里呼吸新鲜空气，有时也爬出冰洞，到冰上面歇息片刻。

此时，公白熊会偷偷靠近。与母白熊不同，它们不用钻到冰窟窿里去冬眠。

在苔原上，雪底下住着短尾巴旅鼠。它们在雪底下挖了一条条通道，啃埋在雪里的细草。这时，雪白的北极狐就来用鼻子追踪它们，从雪底下刨它们出来。

北极狐还能吃到野禽（苔原雷鸟）。当苔原雷鸟钻在雪里睡觉时，鼻子灵敏的小狐狸可以轻易悄悄靠近捉住它们。

这里总是漆黑一片的夜晚。缺少了太阳，我们如何看见东西呢？

原来，本地即使没有太阳，常常也很明亮。其一，当有月亮时，就月明如洗。其二，本地常有北极光在天空闪烁。

这种神奇的光，变幻着各种颜色，时而如飘动飞舞的宽带沿着北极方向的天空铺展开来，时而如瀑布般直泻而下，时而如柱子或宝剑一般高高耸起。北极光下，最洁净的白雪辉煌闪耀，光芒四射。此时，几乎亮如白昼一般。

天气冷吗？当然冷得要命。有大风和暴风雪。风雪之大，一刮，就把小屋埋在雪里了。弄得我们一连六七天也不敢往门外探头。但我们很勇敢，一年比一年更深入北冰洋北部；我国的北极探险队员，早就对北极进行研究了。

拓展阅读

旅　鼠

旅鼠属于啮齿目仓鼠科，共有4个属：环颈旅鼠属、旅鼠属、林旅鼠属和沼泽旅鼠属。

旅鼠是一种极普通、可爱的小动物，常年居住在北极，体形椭圆，旅鼠四肢短小，比普通老鼠要小一些，最大可长到15厘米。尾巴粗短，耳朵很小，两眼闪着胆怯的光芒，但当被逼得走投无路时，它也会勃然大怒，奋力反击。因纽特人称其为“来自天空的动物”，而斯堪的纳维亚的农民则直接称之为“天鼠”。这是因为，在特定的年头，它们的数量会大增，就像是天兵天将，突然而至似的。

旅鼠主要分布于挪威北部和亚欧大陆的高纬度针叶林，以根、嫩枝、青草和其他植物为食，天敌有猫头鹰、贼鸥、灰黑色海鸥、粗腿秃鹰、雪鸮、北极狐、黄鼠狼、北极熊等。

在北极苔原地区，数量过多和食物缺乏会导致大量

旅鼠

的旅鼠快速迁徙。研究人员发现，这种小动物能在一天内迁徙16公里。对一些弱者来说，这种迁徙的速度太快，而一旦落后就会死亡。

这里是顿巴斯草原

我们这里也下着小雪。本地的冬天不长，也不可怕，甚至并非所有河流都结冰。野鸭从各处湖里飞到这里来，不想再往南飞了。秃鼻子乌鸦从北方飞到这里来，在各处市镇上、城市里逗留。这里有的是它们的食物，能够一直住在3月中旬，再飞回故乡去。

从遥远苔原飞来的小客人也在这里过冬的：雪鹀——铁爪鹀、角百灵、个子很大的白色雪鸮。雪鸮白天出来觅食，要不它夏天在苔原上如何生活呢？夏天在苔原总是白昼，没有黑夜。

白雪覆盖在空旷的草原上，冬天，大家没有农活儿可干。但在地底下，我们可有好多活儿要干：我们正在深深的矿井里，忙

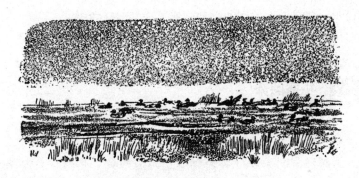

着用机器挖煤，用电力升降机把煤送上地面，用火车把煤送到全国各地去，送到大小工厂里去。

这里是新西伯利亚大森林

　　大森林里的雪越积越厚。猎人们踏上滑雪板，成群结队地到大森林里去。他们拖着一辆辆轻雪橇，上面载着食物和其他生活必需品。许多猎狗跑在前面，它们都是北极犬，有竖起的尖耳朵和蓬松的卷尾巴。

　　大森林里有无数淡蓝色的灰鼠、珍贵的**黑貂**、毛茸茸的猞猁狲、兔子、硕大的驯鹿、棕黄色的鸡貂（用鸡貂的毛可以制作最上等的画笔）、白色的白鼬。昔日沙皇的皮斗篷就用白鼬皮制成，可现如今人们用白鼬皮来给孩子们做帽子。还有无数火红色的火狐和棕黄色的玄狐，数不清的美味的榛鸡和松鸡。

　　在那隐秘的熊洞里，熊早已沉沉睡去了。

　　猎人们在大森林里一待就是好几个月，在那里的小木房里过夜。冬天白昼很短，他们从早忙到晚：张网、设陷阱捕捉飞禽走兽。这时，他们的北极犬就在大森林里跑来跑去，东闻西瞧，寻找松鸡、灰鼠、西伯利亚鼬和驯鹿，或是酣睡的熊。

当一伙伙猎人回家之时，猎物载满了他们的雪橇。

拓展阅读

黑　貂

黑貂通常叫紫貂。体躯细长，四肢短健，体形似黄鼬而稍大，雄性一般比雌性大。耳大直立，略呈三角形。脸和鼻部较尖，吻端圆钝，鼻唇部中央有明显的纵沟，还有20余根颇具弹性的发达触须。眼睛大而有神，尾巴粗大而尾毛蓬松，约占体长的30%～40%。寿命8~15年。

紫貂除了雌兽生育儿女时在石堆或树洞中筑窝外，其他季节都过着四处流浪的生活。常以石缝、石洞、石塘、树洞等作为临时住处，洞内干净、清洁，还分为仓库、厕所和卧室等，卧室呈小圆形，直径20

紫貂

厘米～25厘米，里面铺垫有草、鸟羽和兽毛等，洞口常有入口与出口之别。除交配期外，多独居；其视、听敏锐，行动快捷，一受惊扰，瞬间便消失在树林中。昼夜均能活动觅食，但以夜间居多。食物短缺时，白天也出来猎食。多在地上捕捉猎物，攀缘爬树也很灵活。冬季食物短缺时，就迁移到低山地带，待天气转暖时再返回。以弱小鸟兽、鸟卵和昆虫等为食，有时也捕鱼，采食蜂蜜、各类坚果和浆果等。

在地面行动时的步态主要有小步跑和跑跳步两种，行进中总是跑跑停停、边嗅边看，有时昂首向四周张望。捕食和避敌的时候则连跑带跳。它的足迹在深雪中为一个深窝，在略覆薄雪的冰面上可以看到清晰的爪痕。主要天敌是黄喉貂和猛禽。

这里是卡拉库姆沙漠

春秋两季，沙漠生机勃勃，并不像荒漠。

夏冬两季，沙漠里死气沉沉。夏天，沙漠里热得火烧火燎的，鸟兽找不到东西吃；冬天，沙漠里冷得令生物难以忍受，也找不到食物。

冬天一到，飞禽就飞走了，走兽也跑掉了，都远离这可怕的地方。就算有明亮的南方太阳，升到这无边无垠的覆雪的平原上；没有飞禽和走兽去欣赏那晴朗的天空。太阳徒然消融积雪，反正只有沙子在雪下。乌龟、蜥蜴、蛇、昆虫乃至热血动物——老鼠、黄鼠、跳鼠等，都深深地钻进沙子里冻硬了，冬眠了。

旷野里，凶猛的风任意游荡，没有任何干涉阻拦；冬天，沙漠的主人是风。

但这情形并非永久。人类正在开发沙漠：开凿灌溉渠、植树造林。以后，即使夏冬两季，沙漠也不会死气沉沉了。

喂！喂！
这里是高加索山区

在这里，冬天里有冬有夏，夏天里有夏有冬。这里有极高的山峰，常年被冰雪覆盖，如卡兹别克山和厄尔布尔士山一般目空一切地高耸入云霄，即便是夏日灼热的阳光，也无法把山上的积雪和冰岩晒化。但冬日的寒气也无法征服这里有群山屏障、百花盛开的谷地和海滨。

冬天最多只能把羚羊、野山羊、野绵羊从山顶赶到山腰，没有力量继续向下赶了。冬天，山上开始下雪，山下谷地里却在下着温暖的雨。

果木园里，我们刚刚把橘子、橙子和柠檬采下交给国家。花园里，玫瑰还在盛开，蜜蜂嗡嗡地飞来飞去。向阳的山坡上，第一批春花开放了，有白色绿芯的雪花和黄色的蒲公英。这里鲜花一年四季盛开，母鸡春夏秋冬下蛋。

冬天，本地的飞禽走兽开始忍饥受冻时，它们无须远走高飞，远离夏天的居住地，只需从山顶下到半山腰或山脚、谷地里来，就能够吃饱住暖了。

无数躲避北方严寒的有翅膀难民被高加索收留，数不清的难民在高加索重获温饱。

在这庞大的难民队伍中，有苍头燕雀、椋鸟、百灵、野鸭以

及长嘴的钩嘴鹬。

尽管今天是冬至日，是一年之中白昼最短、黑夜最长的一天，但一到明天就是白天阳光灿烂、夜晚满天星斗的新年了。

在我国的一端——北冰洋，我们的朋友们都出不去门了：那里的风雪相当大，天气相当冷。可在另一端，我们出门都不用穿大衣，随便穿些衣服就很暖和。

我们观赏着高耸入云的群山，窄窄的一弯月牙，悬挂在山头的无云晴空上。脚下，静静大海中的波浪轻轻拍溅着。

这里是黑海

没错，今天黑海的微波轻轻地拍击着海岸，在温柔的微波荡漾中，沙滩上滚动的鹅卵石发出朦胧的催眠声。窄窄的一弯月牙倒映在暗沉沉的水面上。暴风时节早已过去。那时是秋天，这里大海汹涌，白浪滔天，狂涛怒浪猛烈冲击着岩石，轰隆隆、哗啦啦地吼叫着，远远地飞溅到岸上。冬天一到，我们就很少遭受大风的骚扰了。

在黑海没有真正的冬天，只是海水略微变凉些，再者就是北海岸一带短时期冻上薄冰。大海一年四季都在狂欢，海里有活泼快乐的海豚嬉戏，水里有黑**鸬鹚**钻出钻进，海上还有白色的海鸥飞翔。春夏秋冬，海面上都有往来的漂亮大汽船和轮船，有疾驰的摩托快艇，有滑行的轻便帆船。

潜鸟和各色各样的潜鸭会飞到本地来过冬，还有肥硕的浅红色鹈鹕，它嘴下面有个大肉袋，盛起鱼来很方便。海里的冬天和夏天差不多热闹。

我们是列宁格勒森林报编辑部。

我国有多种不同的春夏秋冬，都是祖国的一部分。你可以随意挑选自己称心如意的地方！不论去到哪里，不论住在哪里，到处都有良辰美景和一系列独特工作等待着你：你可以勘察、研究和发现我们国土上新的美景和资源，建设更加美好的新生活。

今年最后一次全国各地无线电通报，到此结束。

再见！再见！
来年再见！

拓展阅读

鸬鹚

鸬鹚也叫水老鸦、鱼鹰，是捕鱼能手。鹈形目鸬鹚科26~31种水禽，有黑色金属光泽，能在水下潜游。这种鸟在东方和其他各地已为人驯化用以捕鱼，以对人类价值不大的鱼为食。

鸬鹚不仅是捕鱼的能手，中国古代还常常把它作为美满婚姻的象征。结伴的鸬鹚，从营巢孵卵到哺育幼雏，它们共同进行，和睦相处，相互体贴。大家熟悉的《诗经》中第一首诗："关关雎鸠，在河之洲。"有的学者认为诗中的"雎鸠"就是鸬鹚。当然不管雎鸠是不是鸬鹚，鸬鹚之间的亲密友好关系就可以代表美好的婚姻。

鸬鹚

熬得过吗

森林年的最后一个月来临了。这个月最艰难,它叫忍受残冬月。

林中居民快要吃光自己仓库里的所有存粮。所有飞禽走兽都消瘦下来,皮下那层暖和的脂肪已经没有了。长时间饥一顿饱一顿的日子,大大削弱了它们的体力。

此时,狂风大雪又似乎在故意为难,在整个林子里乱刮乱闯,天气越来越冷。冬老人只剩下一个月时间寻欢作乐了,因而更加肆无忌惮,放出最严酷的寒气。这会儿,所有飞禽走兽只能再坚持一下,鼓起最后一点力量撑到春天。

我们的森林记者巡视了整个森林。他们担心飞禽走兽能否熬到天气转暖。

在森林里,他们目睹了不少悲剧。有些经不住饥寒交迫的林中居民已经死去。其余的能否再挺上一个月呢?当然也有那种无须担忧的飞禽走兽,它们死不了。

严寒的牺牲品

寒冷的天气加上刮大风,那才叫可怕呢!每逢这样的天气,你都能在雪地上找到不少冻死的飞禽走兽和昆虫的尸体。

风,把树桩和倒地的树干下的积雪扫了出来,但许多小野兽和甲虫、蜘蛛、**蜗牛**、蚯蚓还藏在里面呢。

揭走了盖在它们身上的暖和的雪,它们只能冻死在冰冷的寒风中了。

飞鸟一边飞,一边死在了暴风雪中。乌鸦的抵抗力可相当强，但在长时间的暴风雪之后，它们往往会被发现冻死在雪地上。

风雪过后，森林卫生员马上出动，猛禽猛兽在整个森林里搜寻，把在暴风雪中冻死的尸体，收拾个一干二净。

📚 拓展阅读

蜗牛

蜗牛并不是生物学上一个分类的名称，泛指腹足纲柄眼目大蜗牛科的所有种类动物，广义的也包括腹足纲其他科的一些动物（包括蛞蝓等）。一般西方语言中不区分水生的螺类和陆生的蜗牛，汉语中蜗牛只指陆生种类，虽然也包括许多不同科、属的动物，但形状都相似。

蜗牛是世界上牙齿最多的动物。虽然它的嘴大小和针尖差不多，但是却有约25 600颗牙齿。在蜗牛的小触角中间往下一点儿的地方有一个小洞，这就是它的嘴巴，里面有一条锯齿状的舌头，科学家们称之为"齿舌"。

蜗牛有一个比较脆弱的、低圆锥形的壳，不同种类的壳有左旋或右旋的，头部有两对触角，后一对较长的触角顶端有眼，腹面有扁平宽大的腹足，行动缓慢，足下分泌黏液，降低摩擦力以

蜗牛

帮助行走，黏液还可以防止蚂蚁等一般昆虫的侵害。

蜗牛一般生活在比较潮湿的地方，在植物丛中躲避太阳直晒。在寒冷地区生活的蜗牛会冬眠，在热带生活的种类旱季也会休眠，休眠时分泌出的黏液形成一层干膜封闭壳口，全身藏在壳中，当气温和湿度合适时就会出来活动。蜗牛几乎分布在全世界各地，不同种类的蜗牛体型大小各异，非洲大蜗牛可长达30厘米，在北方野生的种类一般只有不到1厘米。一般蜗牛以植物叶和嫩芽为食，因此是一种农业害虫。但也有肉食性蜗牛，以其他种类蜗牛为食。

蜗牛最致命的天敌是萤火虫。萤火虫会喷射一种毒素使蜗牛麻痹后变成液体，然后慢慢享用。

光溜溜的冰

有时，在雪天后突然暴冷，上面一层融化的雪一下子被冻成冰壳。积雪上的这层冰壳又硬又滑，还很结实，野兽软弱的脚爪刨不开，鸟类的尖嘴也啄不破。鹿的蹄子能够踏穿它，可这冰洞周围的棱角锐利如刀，鹿脚上的毛、皮和肉都被划破了。

鸟类如何能吃到冰壳下的细草和谷粒呢？

谁要是没办法啄破玻璃似的冰壳，那就得饿肚子。

融雪天。地面上的雪变得湿漉蓬松。傍晚，一群灰山鹑飞落下来，毫不费力地在雪地上刨了几个小洞，洞里热气腾腾，它们蹲在里面睡着了。

半夜，天气突然大冷。

在暖和的地下洞穴里，没觉出冷来的山鹑还在睡。

第二天早晨，山鹑睡醒了。雪底下暖和是暖和，就是气有点喘不上来！

得到外面去喘口气，伸伸翅膀找食吃。

它们打算起飞，可头顶上竟有一层相当结实的冰，像玻璃盖一样。

大地摇身一变，成了一片光溜溜的冰场。冰壳上面什么也没有，底下是松软的雪。

山鹑用小脑袋拼命撞向冰壳，撞得头破血流。无论如何，也得冲出去啊！

假如谁侥幸能逃脱这个囚牢，即便还得饿肚子也算运气好了。

玻璃青蛙

我们的森林记者把一个水池的冰凿破，把冰底下的淤泥挖来，许多青蛙就躺在淤泥里，它们是钻到那里去，挤作一堆过冬的。

从稀泥里被拿出来时，它们完全像是玻璃制成的，身体变得相当脆。轻轻一敲，细细的小腿儿就咔吧一声断了。

森林记者带了几只青蛙回家去，把冻僵的青蛙放在暖和的屋子里，小心翼翼地使它们全身暖和过来。青蛙慢慢苏醒了，开始在地板上跳来跳去。

由此不难想象：春天，太阳晒化了水池里的冰，晒暖了水时，青蛙就会苏醒，变得活泼健壮。

瞌 睡 虫

在托斯那河沿岸上，距离十月铁路上萨勃林诺车站不远处有个大岩洞。以前人们在那里挖取沙子，可许多年来，现如今已经没人到那个洞里去了。

森林记者进了那个洞，发现洞顶上有许多**蝙蝠**——兔蝠和山蝠。它们在那里已经睡了5个月，头下脚上，用脚牢牢地攀住粗糙不平的洞顶。兔蝠把大耳朵藏在叠起的翅膀下，像盖被子一样用翅膀把身体裹得严严的，倒挂着进入了梦乡。

蝙蝠睡得如此之久，森林记者都不由得担心起来，他们帮蝙蝠摸了摸脉搏，量了量体温。

夏天，蝙蝠的体温和人一样，在37℃左右，脉搏每分钟200次。

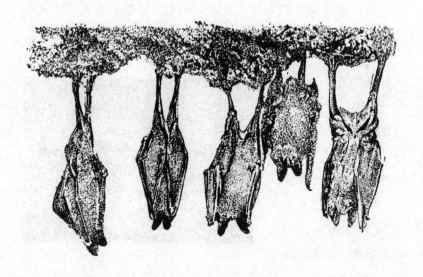

此时，蝙蝠的脉搏每分钟只有50次，体温只有5℃。

即便如此，这些健康的小睡鼠虫也没什么可担心的事。

它们还能自由自在地再睡上一个月，甚至两个月。一到温暖的夜晚，它们就会十分健康地苏醒过来。

拓展阅读

蝙 蝠

蝙蝠是哺乳纲翼手目动物。从种数讲，仅次于啮齿类，有900多种。除南北极及一些边远的海洋小岛屿外，世界上到处都有蝙蝠，在热带和亚热带蝙蝠最多。蝙蝠的颜色、皮毛质地及面形千差万别。蝙蝠的翼是在进化过程中由前肢演化而来，是由其修长的爪子之间相连的皮肤（翼膜）构成。

蝙蝠的吻部像啮齿类或狐狸。外耳向前突出，很大，而且活动非常灵活。蝙蝠的颈短，胸及肩部宽大，胸肉发达，而髋及腿部细长。除翼膜外，蝙蝠全身覆盖着毛，背部呈浓淡不同的灰色、棕黄色、褐色或黑色，而腹侧颜色较浅。

蝙蝠是唯一一类演化出真正有飞翔能力的哺乳动物。几乎所有蝙蝠均于白天憩息，夜出觅食。这种习性便于它们侵袭入睡的猎物，而自己不受其他动物或高温阳光的伤害。

蝙蝠通常喜欢栖息于孤立的地方，如山洞、缝隙、地洞或建筑

蝙蝠

物内，也有栖于树上、岩石上的。它们总是倒挂着休息。它们一般聚成群体，从几十只到几十万只。具有回声定位能力的蝙蝠，能产生短促而频率高的声脉冲，这些声波遇到附近物体便反射回来。蝙蝠听到反射回来的回声，能够确定猎物及障碍物的位置和大小。这种本领要求高度灵敏的耳和发声中枢与听觉中枢的紧密结合。蝙蝠个体之间也可能用声脉冲的方式交流。有少部分蝙蝠依靠嗅觉和视觉找寻食物。

大多数蝙蝠以昆虫为食。因为蝙蝠捕食大量昆虫，故在昆虫繁殖的平衡中起重要作用，甚至可能有助于控制害虫。

轻装过冬

今天，在一个僻静的角落里，我找到了一棵款冬。正开花的它一点也不怕冷。这些细茎好像还轻装上阵：鳞状的小叶子，蜘蛛丝般的茸毛。这时候，我穿大衣还觉得冷呢，可它竟能这样！

你一定会怀疑我的话：周围到处是雪，怎么会有款冬呢？

仔细听，我刚才说的是"在一个僻静的角落里"找到了它！告诉你，它在一座大楼房朝南的墙根底下，而且是在暖气管子通过的地方。在那个"僻静的角落"里，雪随时融化，无法积起来，土是黑黑的，像春天一样冒着热气。

别忘了，空气可是冰冷的啊！

■ 尼·巴甫洛娃 报道

苦中作乐

只要稍一暖和，正值融雪天气，各种缺乏耐性的虫子就会从森林里的雪底下爬出来。其中有蚯蚓、海蛆，有蜘蛛、瓢虫，还有叶蜂的幼虫。

只要哪个僻静的角落里，有块无雪的地方出现（大风常常把倒地枯木下的积雪全部刮走），那些大大小小的虫子，就在哪里散步透气。

昆虫出来为了活动活动麻木的腿脚，蜘蛛出来则是为了觅食。光着脚丫在雪地上跑跑跳跳的，是没翅膀的小蚊子。在空中打着盘旋的，是有翅膀的长脚舞蚊。

只要寒气袭来，这个游园会就会突然收场，这群大大小小的虫子，又躲躲藏藏：有的钻到败叶下去，有的钻到枯草、苔藓里去，有的钻到土里去。

冰窟窿里的海豹

有位渔人走在涅瓦河口芬兰湾的冰上。当他走过一个冰窟窿时，看到一个脑袋从冰底下探出来，油光闪亮的，还有稀稀拉拉的几根硬胡子。

渔人以为这是个从冰窟窿里浮起来的死人脑袋。突然间，这个脑袋朝他转了过来，这时渔人才看清，这是个有胡子的野兽的脸，脸皮紧绷绷的，满脸短毛光闪闪的。

两只亮晶晶的眼睛，直愣愣地盯着渔人的脸看了好久。只听泼剌一响，它就钻到冰底下去不见了。

渔人这才明白过来，自己看到的是只**海豹**。

海豹在冰底下捉鱼。为了喘口气，它只把脑袋探到水外片刻。

冬天，渔人们常常能在苏兰湾上打到海豹，那时海豹常从冰

窟窿里爬上冰面来。

有时甚至还会发生这样的事：有些追捕鱼的海豹一直追进涅瓦河。在拉多牙湖里有许多海豹，那里简直是个名副其实的海豹渔猎场。

📚 拓展阅读

海　豹

海豹是肉食性海洋哺乳动物。身体呈流线型，四肢变为鳍状，适于游泳。海豹有一层很厚的皮下脂肪保暖，并提供食物储备，产生浮力。

海豹

海豹大部分时间栖息在海中，脱毛、繁殖时才到陆地或冰块上生活。海豹分布于全世界，在寒冷的两极海域特别多，食物以鱼和贝类为主。

海狮、海象都是海豹的近亲。

南极海豹已被列为国际一级保护动物。

解除武装

林中大汉——公**驯鹿**脱落了犄角。

在密林里，公驯鹿把犄角在树干上蹭啊蹭，犄角就被蹭了下来。它扔下了头上的沉重武器

有两只狼，一见解除了武装的大汉，决定发起进攻。它们觉得取胜轻而易举。

这一场战斗，进行得出乎意料地快。驯鹿用两只结实的前蹄击碎了一只狼的脑壳，然后突然转身把另一只狼踢倒在雪地上。这只狼遍体鳞伤，落荒而逃。

最近几天，公驯鹿已经长出新犄角——没长硬的肉瘤，一层皮绷在外面，皮上是软绵绵的绒毛。

拓展阅读

驯 鹿

驯鹿是环北极分布动物，广泛分布在欧亚和北美大陆北部及一些大型岛屿。

驯鹿的个头比较大，雌鹿的体重可达 150 多千克；雄性稍小，90 千克左右。雄雌都生有一对树枝状的犄角，幅宽可达1.8米，且每年更换一次，旧的刚刚脱落，新的就开始生长。

驯鹿最惊人的举动，就是每年一次长达数百千米的大迁移。

春天一到，它们便离开自己越冬的亚北极地区的森林和草原，沿着几百年不变的路线往北进发。而且总是由雌鹿打头，雄鹿紧随其后，秩序井然，长驱直入，边走边吃，日夜兼程，沿途脱掉厚厚的冬装，而生出新的薄薄的夏衣，脱下的绒毛掉在地

驯鹿

上，正好成了路标。就这样年复一年，不知道已经走了多少个世纪。它们总是匀速前进，只有遇到狼群的惊扰或猎人的追赶，才会来一阵猛跑，发出惊天动地的巨响，扬起漫天的尘土，打破草原的宁静，在本来沉寂无声的北极大地上展开一场生命的角逐。

幼小的驯鹿生长速度之快是任何动物也无法比拟的，母鹿在冬季受孕，在春季的迁移途中产仔。幼仔产下两三天即可跟着母鹿一起赶路，一个星期之后，它们就能像父母一样跑得飞快，时速可达每小时48千米。

爱洗冷水浴的鸟

在波罗的海铁路上的迦特钦站附近，在一条小河的冰窟窿旁，森林报记者看到一只黑肚皮的小鸟。

那天早晨，天气冷得能把鼻子冻掉。虽然天上有明晃晃的太阳，可森林记者在那天早晨，还是得几次三番捧起雪来，摩擦自己冻得发白的鼻子。

因此，当听到黑肚皮小鸟兴高采烈地在冰面上唱歌时，他觉得很奇怪。

他走到跟前去看时，小鸟蹦了
个高，一个猛子扎进冰窟窿里去了。

"跳河啦！这会被淹死的！"森
林记者急急忙忙奔到冰窟窿旁，准
备搭救那只发了疯的小鸟。

谁料小鸟正在水里用翅膀划水
呢，就像人游泳时用胳膊划水一样。

在透明的水里，小鸟的黑脊背忽闪忽闪，宛如一条小银鱼。

小鸟一个猛子扎到河底，把沙子用尖锐的脚爪抓着，在河底
跑了起来。跑到一地，它停留了片刻，把一块小石子用嘴翻了过
来，从石子下拖出一只乌黑的水甲虫。

一分钟过后，它已经从另一个冰窟窿里钻出，跳到冰面上来
了。它抖了抖身子，若无其事地又唱起了快乐的歌。

森林记者把手探进冰窟窿里试了试："也许这里是温泉，河
水是热乎乎的吧？"

但他立即把手从冰窟窿里抽了出来：冰冷的河水刺得手生疼。

此时他才明白：面前那只小鸟是一种叫**河乌**的水雀。

和交嘴鸟一样，这种鸟也不用服从自然法则。着一层薄薄的脂肪蒙在它的羽毛上。它钻进水里去时，一层银光闪闪的小水泡就会出现在油乎乎的羽毛上。河乌如同穿了件空气做的衣服，这样即使是在冰水里，它也不觉得冷。

在列宁格勒省内，河乌很少见，只有在冬天才会来。

拓展阅读

河　乌

河乌是河乌科河乌属的鸟类，羽色黑褐或咖啡褐色，体羽较短而稠密。嘴较窄而直，嘴长与头几乎等长；上嘴端部微下曲或具缺刻；无嘴须，但口角处有短的绒绢状羽。鼻孔被膜遮盖。翅短而圆，初级飞

河乌

羽10枚。尾较短，尾羽12枚。跗蹠长而强，前缘具靴状鳞；趾、爪均较强。栖息活动于山间河流两岸的大石上或倒木上，只是沿河流水面而上、下飞，遇河流转弯处亦不从空中取捷径飞行。能在水面浮游，也能在水底潜走。主要在水中取食，以水生昆虫及其他水生小型无脊椎动物为食。是挪威国鸟。

水 晶 宫

现在，让我们来关心一下鱼吧！

整个冬天，鱼都在河底深坑里睡觉，头上盖着结实的冰屋顶。有时大多在冬末时节，在2月里的池塘和林中湖沼里，它们会感到空气紧缺了。那时，鱼就快要闷死了，心神不宁地张开圆嘴，游到冰屋顶下用嘴唇捕捉冰上的小气泡。

鱼也可能集体闷死。那样一来，春天冰消雪融，你带了钓竿到这样的水池边来钓鱼时，根本无鱼可钓了。所以不要忘了冰下的鱼。在池塘和湖面上凿上几个冰窟窿！千万注意不要让冰窟窿再冻上，方便鱼能够呼吸空气。

雪下生命

漫长冬日里，眼望被雪覆盖的大地，你自然会想：有些什么在这片寒冷而干燥的汪洋大海下呢？有没有什么活物留在这个"海"底？

在森林里、林中空地上和田野里的积雪上，森林记者挖了一些直到地面的大深坑。

我们在那里所见的，简直出乎意料。原来那里面有许多绿色的小叶簇，还有从枯草根下钻出来的、尖尖的小嫩芽和被沉重积雪压倒在冻土上的各种绿色草茎。它们全都有生命！你想想看，全都有！

原来在死的雪海底下生活的，有草莓，有蒲公英，有荷兰翘摇，有狗牙根，有酸模，还有不少各式各样的植物，无一例外，全都是绿油油的！甚至还有很小的花蕾在翠绿娇嫩的繁缕上。

一些圆圆的小窟窿，出现在了森林记者挖的雪坑的四壁上。

这是被铁锹切断的小野兽通道，那些小野兽会精明强干地在雪海里找食吃。老鼠和田鼠在雪底下大嚼营养美味的细植物根；食肉兽鼩鼱、伶鼬、白鼬之类的，冬天就在那里捕食这些啮齿动物和在雪里过夜的飞禽。

过去，人们认为只有熊才在冬天生小熊。大家说，有福气的小孩"从娘胎里带来衣裳"。小熊刚出生时非常小，只有大老鼠那么大，可它不仅从娘胎里带来了衣裳，还索性穿着皮大衣来的。

如今，科学家们研究发现，有些老鼠和田鼠冬天搬家，就如同迁到冬季别墅里去：从夏天的地下洞穴，搬到地面上来，在雪底下和灌木下部的枝丫上安家。真奇怪，冬天它们也生孩子！只有一丁点大的小老鼠，刚生下来时浑身光溜溜无毛，但是家里很暖和，年轻的老鼠妈妈喂奶给它们吃。

春的预兆

虽然这个月天气还很冷，但已不像在仲冬时节了。虽然积雪还很深，但已经不似从前那样白皑皑、亮闪闪了。此时，颜色发灰的积雪失去了光泽，蜂窝般的小洞开始出现。屋檐上挂着的小冰柱却在逐渐变大，滴答滴答地流水。小水洼也出现了。

太阳上班的时间越来越长，阳光也越发温暖。天空也已不是一片青白的、冷飕飕的冬色。天空的蓝色日益加深。天上的云已不是灰秃秃的冬云了，它们开始分层，你留点神看，有时还能发现堆得满满实实的积云飘过。一出太阳，窗下就响起山雀的快乐歌声："斯克恩，舒巴克！斯克恩，舒巴克！"夜晚，猫咪在屋顶上开音乐会、比试拳脚。

森林里，不知何时，一阵斑啄木鸟欢天喜地的擂鼓声会突然发出。虽然只不过是用嘴敲树干，但仍有板有眼，还是支歌呢！

在密林里，云杉和松树下，不知是谁在雪地上画了一些神秘符号和奇怪图案。当猎人看见这些时，心突然紧缩了片刻，紧跟着狂跳起来：清醒些，这可是松鸡的痕迹啊，是它强有力翅膀上的硬羽毛，在春季坚实冰壳上画的印记啊！如此看来……如此看来，松鸡马上要开始交配了，神秘的林中音乐即将奏响。

迷人的小白桦

昨晚，下了一场暖洋洋、湿乎乎的雪花，园中阶前我心爱的一棵白桦的树干和所有秃枝都被染成了白色。快到早晨时，天又突然转冷。

明净的空中，太阳升起。一眼看去，我的白桦变得非常迷人，如同一棵魔法树：挺立在那里的它从上到下，从树干到顶细的小树枝都像被涂上了一层白釉，其实是湿雪冻成了一层薄冰。小白桦全身银光晶亮。

几只长尾巴山雀飞来。它们生着厚厚的蓬松羽毛，好似一团团小白绒球中插着几根织针。它们落在小白桦上，在树枝上转来转去，在寻找可以当早点吃的东西。小脚爪一个劲儿地打滑，小嘴也不能把冰壳啄透。白桦树仿佛一棵玻璃树，发出细冷的叮当声。

叽叽喳喳的山雀怨气冲天地飞走了。

太阳越升越高，阳光越来越暖。终于，冰壳被晒化了。

一股股冰水从小白桦的所有树枝和树干上流下来，转眼间成了个冰冻的喷泉。

开始滴水了。闪烁的水珠变幻着颜色，好似一条条小银蛇顺树枝蜿蜒而下。

山雀去而复返。它们落在树枝上，丝毫不在乎小脚爪沾湿。它们兴高采烈，因为小脚爪不再打滑了，这棵解冻的白桦请它们吃了顿可口的早餐。

■ 森林记者 维里卡 报道

最早的歌声

天气很冷，但阳光灿烂的一天，最早的春日歌声在城里的花园中响起。

莺雀在歌唱。它朴实的歌喉不擅花腔，只不过是："晴——几——回儿！晴——几——回儿！"

虽然调子如此简单，但这歌声听上去却如此欢快。这种金色胸脯的小鸟，仿佛想用鸟语通知大家："脱掉大衣！脱掉大衣！春天到了！"